经典

家常小炒

王蓝山◎编著

河北出版传媒集团

河北科学技术出版社

图书在版编目（CIP）数据

经典家常小炒 / 王蓝山编著 . -- 石家庄：河北科学技术出版社，2015.11
ISBN 978-7-5375-8147-9

Ⅰ . ①经… Ⅱ . ①王… Ⅲ . ①家常菜肴－菜谱 Ⅳ . ① TS972.12

中国版本图书馆CIP数据核字（2015）第300780号

经典家常小炒

王蓝山　编著

出版发行	河北出版传媒集团　河北科学技术出版社	
地　　址	石家庄市友谊北大街 330 号　（邮编：050061）	
印　　刷	三河市明华印务有限公司	
经　　销	新华书店	
开　　本	710×1000　1/16	
印　　张	10	
字　　数	150 千字	
版　　次	2016 年 1 月第 1 版	
	2016 年 1 月第 1 次印刷	
定　　价	32.80 元	

前　言

　　随着时代的进步，人们对生活品质的要求越来越高，吃、穿、住、行概莫能外。日常饮食与人体的健康状况息息相关，人们已开始重视食品种类和营养的搭配。如今，食品安全问题也受到普遍关注，为了饮食健康，许多人更青睐以自己烹饪的方式来表达对家人的关爱。自己烹制美食，不仅可以维护健康，也能提升家人之间的融合度，提高家庭生活的幸福和美满指数。

　　为了让大家在烹饪时能有据可依，以便更轻松地制作出受家人欢迎的美食，同时充分享受烹饪的乐趣，我们特意编写了这套菜谱。为满足各类人群、各个年龄段对饮食的不同需求，适合个人口味偏好，本套菜谱编写范围较广，包含家常菜、小炒、私房菜、特色菜、川菜、湘菜、东北菜、火锅、主食、汤煲等，不一而足，希望能够满足各类读者对于美食的独特需求。

　　我们力求让读者一读就懂，一学就会，一做便成功。书中详尽介绍了食物制作所需的主料与配料，并对操作步骤进行了细致地讲解，同时关于操作过程中需要注意的事项也重点阐述。即便您从来没有下过厨房，也可以在菜谱的帮助下制作出美味可口的菜品。

　　在教您烹饪的基础上，我们对食材与菜品的营养成分进行了解析，以帮助您选择适合家人营养需求与口味的菜肴。希望可以让您吃得健康、吃得明白。

另外，我们为每道菜都配有精美的图片，在掌握制作方法的同时，给您带来一场视觉上饕餮盛宴。看着令人垂涎欲滴的图片，想必您一定能胃口大开，在享受美食的同时，体会到烹饪带给您的巨大乐趣。

美味的食物不仅可以给您带来味蕾上的满足感，更重要的是每一种食物都蕴藏着养生的智慧。希望在您享受美食的过程中，您的体质与生活质量都能得到更好的改变。

在这套菜谱的编写过程中，我们请教了烹饪大师、营养师等相关人士，他们给予了我们极大的帮助，在此表示深深的谢意。然而，我们的水平有限，书中难免出现疏漏之处，敬请读者指正。在此一并表示感谢！

目 录
CONTENTS

Chapter 1
炒菜技巧 ········· 1

Chapter 2
新鲜蔬果类小炒 ········· 7

Chapter 3
开胃畜肉类小炒 35

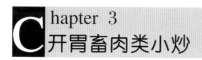

Chapter 4
营养禽蛋类小炒 63

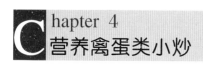

Chapter 5
鲜美水产类小炒 **91**

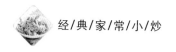
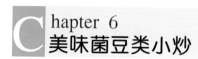

Chapter 6
美味菌豆类小炒 ······ 121

炒菜技巧

Chapter 1

一、分类

炒分为熟炒、生炒、滑炒、干炒、抓炒、爆炒等。炒字前面所冠之字，就是各种炒法的基本概念。

1. 熟炒

熟炒是将做过半熟处理的主要食材加工成丝、条、片等形状后，放入烧熟的油锅中，用旺火或中火进行较短时间的加热，再加入调味料烹饪入味的烹饪技法。例如"熟炒烤鸭片"即属此类。

2. 生炒

生炒是将加工整理成丝、条、丁、片、块等质地软嫩，不易破碎，不粘裹面糊、蛋汁或其他粉料的食材，放入烧热的油锅中，用旺火炒至断生，加入调料炒至入味的烹饪技法。例如"生炒羊肉片"即属此类。

3. 滑炒

滑炒主要是选用质地新鲜、柔软的动物性食材，加工成丝、条、片、块等形状，经过上浆后用温油滑至断生，倒入烧热的油锅中，加入汤汁及调料，用旺火或中火翻炒入味，最后勾芡而成的烹饪技法。例如"滑炒黑鱼片"即属这类。

4. 干炒

干炒又称干煸、煸炒。就是将不挂糊的小型原料，经调味品拌腌后，放入八成热的油锅中迅速翻炒，炒到表面焦黄时，再加配料及调味品（大多包括带有辣味的豆瓣酱、花椒粉、胡椒粉等）同炒几下，待全部卤汁被主料吸收后出锅的烹饪技法。例如"干煸苦瓜""干煸牛肉丝"即属这类。

5. 抓炒

抓炒是抓和炒相结合，快速地炒。将主料挂糊和过油炸透、炸焦后，再与芡汁同炒而成的烹饪技法。例如"三湘啤酒兔丁"即属这类。

6. 爆炒

爆炒就是脆性材料以油为主要导热体，在大火上，极短的时间内灼烫而成熟，调味成菜的烹饪技法。例如"爆炒鸡胗花"即属这类。

二、配菜

配菜是指根据菜肴品种和各自的质量要求，把经过刀工处理后的两种或两种以上的主料和辅料适当搭配，使之成为一道（或一桌）完整的菜肴原料。一道菜的色、香、味、形和营养价值与配菜的搭配恰当与否有直接关系，因此不容忽视。

1. 量的搭配

（1）突出主料

配制多种主辅原料的菜肴时，应使主料在数量上占主体地位。

（2）平分秋色

配制无主、辅原料之分的菜肴时，各种原料在数量上应基本相当，互相衬托。例如"双耳炒海参"，即属这类。

2. 质的搭配

（1）同质相配

即菜肴的主辅料应软软相配如"蟹

黄熘豆腐"、脆脆相配如"马蹄炒莴苣"、韧韧相配如"香干炒腊肉"、嫩嫩相配如"芙蓉木耳"等。这样搭配，能使菜肴生熟一致，吃口一致；也就是说，符合烹调要求，各具特色。

（2）荤素搭配

动物性原料配以植物性原料。这种荤素搭配是中国菜的传统做法，无论从营养学还是食品学看，都有其科学道理。例如"牛肉扣芦笋""肉末酸豆角"等。

3. 味的搭配

（1）浓淡相配

以配料味之清淡衬托主料味之浓厚。例如"胡萝卜炒海参"等。

（2）淡淡相配

此类菜以清淡取胜。例如"素三丝"等。

（3）异香相配

主料、辅料各具不同的特殊香味，使鱼、肉的醇香与某些菜蔬的异样清香融和，便会别有风味。例如"蒜黄炒鸡丝"等。

（4）一味独用

有些烹饪原料不宜多用杂料，比如味浓重的原料，只宜独用，不可搭配。

三、焯水

焯水，就是将初步加工的原料放在开水锅中加热至半熟或全熟，取出以备进一步烹调或调味。它对菜肴的色、香、味，特别是色起着关键作用。

焯水的应用范围较广，大部分蔬菜和带有腥膻气味的肉类原料都需要焯水。

1. 焯水的方法

（1）开水锅焯水

就是将锅内的水加热至滚开，然后将原料下锅。下锅后及时翻动，时间要短，要讲究色、脆、嫩，不要过火。

（2）冷水锅焯水

是将原料与冷水同时下锅。水要没过原料，然后烧开，目的是使原料成熟，便于进一步加工。

2. 焯水的作用

①可以使蔬菜颜色更鲜艳，质地更脆嫩，减轻涩、苦、辣味，还可以杀菌消毒。

②可以使肉类原料去除血污及腥膻等异味。

③可以调整几种不同原料的成熟时间，缩短正式烹调时间。

④便于原料进一步加工操作。

3. 焯水的原则

①把握好焯水对原料营养成分的影响，焯水应针对原料的性质，科学地去进行。

②焯水时，要根据原料质地的不同、色泽深浅的不同、块状大小的不同而分别焯水，以防彼此串味，同时也便于掌握火候。

③应根据原料的性质和烹调的要求掌握好焯水的火候。

④焯制动物性原料后，汤汁不应弃掉，可在撇沫澄清后作为鲜汤使用。

四、淋油

菜肴烹调成熟，在出勺之前，常常要淋一点油。

1.淋油的作用

（1）增色

如烹制扒三白，成品呈白色，如淋入几滴黄色鸡油，就能衬托出主料的洁白。又如梅花虾饼，淋入适量的番茄油，会使主料的色泽更加鲜红明快。

（2）增香

有些菜肴烹制完成后，淋入适量的调味油，可增加菜肴的香味，如红烧鲤鱼，出勺前要淋入麻油增香。而葱烧海参，出勺前淋入适量的葱油，会使葱香四溢，诱人食欲。

（3）增味

有些菜肴通过淋油，可以突出其特殊风味。

（4）增亮

用熘、爆、扒、烧等方法烹制的菜肴，经勾芡后，淋入适量的调味油，可使菜肴表面的亮度增加。

（5）增滑

减少菜肴与炒勺的摩擦，增加润滑，便于大翻勺，使菜不散不碎，保持菜形美观。

2.淋油时应该注意的问题

①淋油一定要在菜肴的芡汁成熟后再淋入，否则会使菜解芡，色泽发暗，并带有生粉味。

②淋油要适量，太多易使芡脱落。

③淋油要根据菜肴的色泽和口味要求进行操作，一般地说，白色、黄色和口味清淡的菜淋入鸡油，红色、黑色菜淋入麻油，辣味的菜要淋入红油。

新鮮蔬果类小炒

椒蒜西蓝花

主 料▷ 西蓝花 250 克

辅 料▷ 野山椒 30 克，大蒜 3 瓣，食盐 5 克，
白糖 3 克，植物油适量

·操作步骤·

① 蒜去皮，洗净，切末；西蓝花洗净，去
老皮撕小朵，过水，捞出；野山椒洗净，
切碎。

② 锅中倒入植物油，烧至六成热，放入蒜
末爆香，放入西蓝花、野山椒，大火快
炒至断生，加食盐、白糖和少许水，翻
炒至熟即可出锅。

·营养贴士· 本道菜有防癌抗癌、减肥美容
的功效。

虾干萝卜丝

主 料▷ 青萝卜 250 克，虾干 50 克

辅 料▷ 蒜、食盐、香油、豉汁、植物油各
适量

·操作步骤·

① 虾干洗净，稍加浸泡后控干水分；青萝
卜去皮，洗净切丝；蒜剁成茸。

② 锅中放植物油，用中小火将蒜茸煸香，
然后将虾干煸炒至表皮金黄肉酥香，再
将萝卜丝下锅翻炒几下，炒至萝卜丝出
水变软时，添加食盐、豉汁调味，起锅
前滴入香油炒匀即可。

·营养贴士· 本道菜有防癌抗癌、保护肠胃
的功效。

油吃**胡萝卜**

主 料 胡萝卜 250 克，黄瓜 100 克

辅 料 食盐、鸡粉、生抽、蒜末、植物油
各适量

·操作步骤·

① 胡萝卜去皮，洗净切块；黄瓜洗净，切丁。

② 锅内放植物油烧热，放入胡萝卜，转小
火翻炒至出红油，加水、食盐、鸡粉、

生抽，用中火焖至汤干，最后放入黄瓜、
蒜末翻炒片刻即可。

·营养贴士· 本道菜有降糖降脂、补肝明
目的功效。

·操作要领· 做这道菜准备的油要比一般
的菜多。

脆炒**黄瓜皮**

主料 黄瓜 300 克，肉末 50 克，青椒、红椒各 1 个

辅料 陈醋、植物油各 15 克，蒜末 10 克，花椒粉 5 克，鸡精 3 克，食盐 2 克

·操作步骤·

① 黄瓜取厚皮，洗净切菱形块，加食盐腌渍约 30 分钟；青椒、红椒洗净切片。

② 锅置火上，倒入植物油，六成热时下入蒜末、肉末、青椒、红椒、花椒粉爆香，倒入黄瓜皮翻炒，最后加鸡精、陈醋调味即可。

·营养贴士· 本道菜有降低血糖、减肥强体的功效。

腰果**玉米**

主料 甜玉米粒 200 克，盐焗腰果、黄瓜、胡萝卜各 100 克

辅料 姜末、食盐、蘑菇精、植物油各适量

·操作步骤·

① 将甜玉米粒煮熟；胡萝卜去皮，洗净切丁；黄瓜洗净切丁。

② 锅中热植物油，爆香姜末，先倒入胡萝卜丁炒至七八成熟后，再放入玉米粒、腰果、黄瓜丁翻炒，最后用食盐、蘑菇精调味即可。

·营养贴士· 本道菜有补充体力、消除疲劳的功效。

干煸
苦瓜

主 料 苦瓜 400 克

辅 料 植物油 20 克，食盐
5 克，香辣豆豉酱
适量

·操作步骤·

① 苦瓜对半切开，去瓤，切片待用（若时
间充裕，可放适量食盐腌 10 分钟，待变
软后充分挤掉水分）。

② 锅置中小火上烧热，放入苦瓜片煸焙至
软黄后起锅待用。

③ 锅中倒入植物油，烧至六成热，放入苦
瓜片、香辣豆豉酱翻炒均匀，加食盐调
味即可。

·营养贴士· 本道菜有清热祛火、解毒明
目的功效。

·操作要领· 若苦瓜是腌过的，那最后一
步就不用放盐了。

剁椒荷兰豆

主料 荷兰豆 250 克

辅料 剁椒 20 克，食盐、鸡精、植物油各适量

·操作步骤·

① 荷兰豆择好，洗净，放入沸水锅中焯一下，捞出投凉，对半剖开。

② 锅内热油，放入荷兰豆翻炒片刻，然后加入剁椒，再加入食盐和鸡精翻炒，至荷兰豆熟即可。

·营养贴士· 本道菜有延缓衰老、美容保健的功效。

马蹄炒莴苣

主料 马蹄、莴苣各 200 克，胡萝卜、木耳各 30 克

辅料 植物油、白醋、白糖、姜、食盐、鸡精各适量

·操作步骤·

① 将马蹄去皮，洗净切片；莴苣削皮，洗净切片；胡萝卜洗净，切成花型；木耳泡发，撕成小朵；姜切小片。

② 坐锅点火倒油，油热后放入姜片煸出香味，加入马蹄片、莴苣片、胡萝卜、木耳翻炒，加入食盐、白糖、白醋、鸡精调味即可。

·营养贴士· 本道菜有舒肝明目、促进发育的功效。

酸辣**藕丁**

主 料 莲藕 300 克，香菇 50 克

辅 料 剁椒 15 克，大蒜 2 瓣，白糖 3 克，
生抽 5 克，醋 20 克，食盐 5 克，
植物油适量，杭椒少许

·操作步骤·

① 杭椒洗净，切成圈；莲藕去皮洗净切成小
丁；香菇洗净切小粒；大蒜去皮切末。

② 炒锅烧热后倒入油，待油七成热时，爆香
蒜末，倒入莲藕丁、香菇，调入生抽、食

盐、白糖、醋翻炒均匀，最后放入剁椒、
杭椒圈，再继续翻炒 1 分钟即可。

·营养贴士· 本道菜有增进食欲、促进消
化的功效。

·操作要领· 莲藕切成丁后要放在清水中
浸泡，这样炒出来的藕丁
不会变色。

鱼香青圆

主 料▷ 青豆 300 克

辅 料☞ 白糖、醋、生抽、料酒、姜末、蒜末、葱花、食盐、植物油、剁椒酱各适量

·操作步骤·

① 青豆洗净，控水；糖、醋、生抽、料酒放在碗中调成鱼香调味汁。

② 锅烧热后倒入植物油，放入青豆炸熟，捞出控油。

③ 锅中留少许底油，烧热后倒入蒜末、姜末、剁椒酱，炒出香味后倒入青豆炒匀，加食盐调味，再倒入鱼香汁，大火煮至收汁，撒上葱花即可。

·营养贴士· 本道菜有清热解毒、消暑利尿的功效。

素炒黄豆芽

主 料▷ 黄豆芽、莴笋各 200 克，红椒 60 克

辅 料☞ 食盐、生抽、白糖、姜片、植物油各适量

·操作步骤·

① 黄豆芽去根洗净；莴笋去皮洗净，切丝；红椒去籽洗净，切丝。

② 锅中倒入植物油，油热后倒入黄豆芽、莴笋、红椒煸炒，加入生抽、食盐、姜片炒匀。

③ 添入少量清水，再翻炒片刻，加入白糖即可出锅。

·营养贴士· 本道菜有清热利湿、润泽肌肤的功效。

麻花
炒西芹

主 料▷ 西芹 200 克，
小麻花 100 克，
青椒、胡萝卜
各 30 克

辅 料▷ 白醋 5 克，食
盐 3 克，姜丝
5 克，植物油
适量，鸡精少
许

·操作步骤·

② 西芹去老梗、叶子，洗净切段；青椒洗
净切丝；胡萝卜洗净切片；小麻花掰成
小块。

② 锅中烧开水，下入西芹焯水至断生，捞出。

③ 炒锅放植物油烧热，炒香姜丝，下麻花、
青椒丝、胡萝卜片、西芹翻炒均匀，调
入白醋、食盐、鸡精，炒匀即可出锅。

·营养贴士· 本道菜有平肝降压、镇静
安神的功效。

·操作要领· 不要过早放盐，以免加快
蛋白质的凝固，影响菜的
鲜味。

小炒**腌尖椒**

主 料 尖椒 250 克

辅 料 酱油、食盐、植物油各适量

操作步骤

准备所需主食材。

把尖椒切成小段。

把尖椒段放入碗内，加入适量食盐搅拌均匀，装入密封的罐子里腌 2 个小时。

锅中放入植物油，油热后放入腌好的尖椒段翻炒片刻，放入酱油翻炒至熟即可。

 烹饪心得

营养贴士：本道菜有改善食欲、美容保健的功效。

操作要领：腌过的尖椒已经带有很重的咸味了，所以炒制的时候不要放盐。

辣炒萝卜干

主料 萝卜干 200 克，橄榄菜罐头 80 克

辅料 香辣酱 30 克，生抽 5 克，蒜末、姜末、葱花各 8 克，植物油适量，鸡精少许

·操作步骤·

① 萝卜干用水泡半个小时后洗净切成条；橄榄菜切碎。

② 炒锅放植物油烧热，下入蒜末、姜末、葱花爆香，放入香辣酱炒出香味，再下入萝卜干、橄榄菜翻炒 1 分钟，调入鸡精、生抽，再次翻炒至熟即可。

·营养贴士· 本道菜有补血养血、调理肠胃的功效。

清炒菠菜

主料 菠菜 300 克

辅料 姜 8 克，干辣椒、植物油、食盐、鸡精各适量

·操作步骤·

① 菠菜择去老叶、黄叶，浸泡片刻，洗净，控干水分；干辣椒切小圈；姜洗净切丝。

② 锅上火加热，倒入适量植物油，待油热倒入干辣椒、姜丝煸炒出香味，加入菠菜煸炒至全部变色，加适量食盐、鸡精调味，翻炒均匀后装盘即成。

·营养贴士· 本道菜有延缓衰老的功效。

鸡蛋炒韭菜

主 料 韭菜 150 克，鸡蛋 2 个，红椒 50 克

辅 料 醋 5 克，料酒 3 克，水淀粉 8 克，食盐 3 克，花椒粉、辣椒面、植物油各适量

·操作步骤·

① 韭菜洗净，切成段；红椒洗净，切成小块；鸡蛋加少许食盐、料酒、水打散。

② 坐锅点火倒油，下鸡蛋炒熟后盛出。

③ 取一小碗加醋、食盐、花椒粉、水淀粉调成汁待用。

④ 锅中加适量油，倒入韭菜快速翻炒，加入红椒、鸡蛋，倒入调好的汁、辣椒面，炒熟出锅即可。

·营养贴士· 本道菜有疏调肝气、增进食欲的功效。

·操作要领· 韭菜以叶肉肥厚，叶片挺直，叶色鲜嫩、翠绿有光泽，不带烂叶、折叶、黄叶、干尖，无斑点的为好。

干锅香干娃娃菜

主料 高山娃娃菜300克, 五花肉100克, 香干80克

辅料 植物油20克, 小葱1棵, 剁椒酱2勺, 姜、蒜、食盐、鸡精各适量

·操作步骤·

① 娃娃菜整棵切十字刀(顺着菜的生长方向平分切4份); 五花肉切片; 香干切条; 小葱切段。

② 锅里烧水, 水开后放入娃娃菜焯至五成熟, 沥水。

③ 锅里热油, 放入姜、蒜和剁椒酱爆香, 再放入五花肉翻炒。

④ 放入娃娃菜、香干翻炒, 加入食盐、鸡精调味, 最后撒上葱段即可。

·营养贴士· 本道菜有养胃生津、除烦解渴的功效。

奶油菜心

主料 油菜心250克, 牛奶50克, 火腿30克

辅料 鸡汤、植物油各20克, 食盐3克, 鸡精2克, 米酒2克, 淀粉1克, 鸡油少许

·操作步骤·

① 油菜心洗净, 滤干水分; 火腿去皮切丁。

② 锅中倒入植物油, 烧至五成热, 放入菜心煸炒, 倒入鸡汤, 加食盐、鸡精、米酒和牛奶, 用小火煮约2分钟。

③ 用淀粉勾芡, 翻炒均匀, 淋入鸡油后出锅装盘, 最后撒上火腿丁即可。

·营养贴士· 本道菜有祛脂降压、活血化瘀的功效。

干锅萝卜片

主料 白萝卜 400 克，五花肉 200 克，洋葱 100 克，红辣椒 50 克

辅料 葱片 10 克，精盐、味精各 5 克，酱油 3 克，蚝油 8 克，高汤、色拉油各 20 克，猪油 50 克

·操作步骤·

① 白萝卜、五花肉分别切片；洋葱切丝；红辣椒切丁。

② 锅中放色拉油，烧至六成热时，下白萝卜炸出香味，然后另起锅烧猪油至七成热，放入五花肉片，用大火干煸出香味，下高汤、精盐、味精、酱油、蚝油翻炒均匀，放入炸好的白萝卜、洋葱一起翻炒。

③ 起锅装入干锅，放入猪油、红辣椒和葱片，即可带火上桌。

·营养贴士· 本道菜有健胃消食、增强免疫力的作用。

·操作要领· 在炸萝卜片之前，也可将萝卜片用盐和五香粉腌渍 10 分钟，这样会更入味。

肉末**鱼香茄条**

主 料▷ 茄子、肉末各适量

辅 料▷ 青尖椒、红尖椒各1个，豆瓣酱5克，葱末、姜末、蒜末、食盐、酱油、花椒、鸡精、植物油各适量，香菜叶少许

·操作步骤·

① 茄子洗净去蒂，切成长条，倒入锅中直接翻炒，焙干水分后装盘备用；青尖椒、红尖椒洗净切碎；香菜叶洗净切碎。

② 锅中放植物油烧热，加入花椒炸香，倒入豆瓣酱、肉末炒出香味，加入葱末、姜末、蒜末，倒入焙干的茄子翻炒。

③ 加入食盐、酱油调味，茄子快熟时放入青尖椒、红尖椒翻炒，加入鸡精炒熟，撒上香菜叶即可。

·营养贴士· 茄子可以清热活血，姜末可以散寒解表、化痰止咳。

鸡粒**烧茄条**

主 料▷ 茄子300克，鸡肉100克，香菇50克

辅 料▷ 豆瓣酱、鱼汁、食盐、鸡精、胡椒粉、白糖、植物油各适量

·操作步骤·

① 茄子去皮，洗净切条，入凉水中泡5分钟；香菇洗净切小粒；鸡肉洗净切粒。

② 锅中放入适量植物油烧热，油热后放入豆瓣酱炒香，加入鸡粒，均匀翻炒。

③ 待鸡粒五成熟时放入茄子和香菇，炒至茄子变软，加入鱼汁、食盐、鸡精、胡椒粉、白糖、炒匀，待香菇熟后盛入盘中即可。

·营养贴士· 本道菜有补虚健胃、清热活血的功效。

猪肉**萝卜松**

主料 青萝卜 200 克，肉松 100 克

辅料 植物油 20 克，香芹 50 克，葱丝、姜丝、食盐、白糖、鸡精、麻油各适量

·操作步骤·

① 青萝卜洗净切丝，加食盐腌渍 30 分钟，控去水分；香芹洗净，茎切段，叶子保留。

② 炒锅中倒入植物油，五成热时放入青萝卜丝反复煸炒，加入适量食盐调味，待颜色金黄时盛出，控油。

③ 锅中留少许底油，爆香葱丝、姜丝，放入萝卜丝、香芹茎煸炒，再放入白糖、鸡精、麻油，入味后出锅装盘，撒上肉松、香芹叶即成。

·营养贴士· 青萝卜所含热量较少，纤维素较多，具有减肥美容的作用。

·操作要领· 青萝卜一定要用盐杀出水分，否则在煸炒的过程中容易出水而变得软塌塌的，不易煸干。

香辣茄子鸡

主料 茄子 300 克，鸡腿 250 克

辅料 植物油 100 克，料酒、酱油、香醋、红油、豆瓣酱、剁椒酱、花椒、葱、姜各适量

·操作步骤·

① 鸡腿清洗切块，加入料酒、酱油腌渍 30 分钟；茄子洗净切块；葱切花；姜切末。

② 锅内倒入植物油烧热，先放入茄子，炸至微黄捞出；再下入鸡腿块，炸至金黄色，捞出控油。

③ 锅里留底油，放入花椒、姜末爆香，加入红油、豆瓣酱、剁椒酱，放入鸡腿块、茄子块，加料酒、酱油、香醋，10 分钟后撒入葱花即可出锅。

·营养贴士· 这道菜有很好的温中补气、强健脾胃、活血强筋的功效。

肉末焖白辣椒

主料 白辣椒 200 克，瘦肉 100 克

辅料 植物油 20 克，葱花、蒜末各少许，酱油、鸡精、食盐、清汤各适量

·操作步骤·

① 瘦肉洗净切末；白辣椒切段。

② 锅里放入植物油，油热后放入蒜末爆香，放入肉末炒至变色，再加入葱花、少许酱油、适量食盐，待肉末八成熟时倒入白辣椒翻炒。

③ 加入适量清汤，焖煮一会儿，待汤汁收干放入鸡精调味即可。

·营养贴士· 白辣椒含有丰富的矿物质，可以促进胃肠蠕动，促进唾液分泌，增强食欲，促进消化。

大荤
野鸡红

主　料 猪瘦肉150克，芹菜、胡萝卜各100克，青蒜50克

辅　料 酱油5克，食盐3克，料酒、醋各6克，鸡精3克，豆瓣酱、湿淀粉各8克，植物油20克，清汤少许

·操作步骤·

① 猪肉切成长粗丝，用料酒、食盐腌30分钟，再加湿淀粉拌匀；芹菜、青蒜择洗干净，切成5厘米长的段，胡萝卜去皮，洗净切成粗丝，分别用少许食盐腌一下。

② 碗内放入酱油、鸡精、醋、清汤、湿淀粉，调成芡汁。

③ 锅内放植物油烧至六成热，下肉丝炒散，放豆瓣酱炒出香味，放入胡萝卜丝、青蒜段稍炒，加芹菜段炒匀，然后倒入调好的芡汁翻炒均匀即可。

·营养贴士· 这道菜具有均衡营养、强身健体的功效。

·操作要领· 猪肉丝用湿淀粉拌匀时，宜稀不宜干，这样才能起到保持肉质嫩滑的作用。

肉酱莴笋丝

主 料▶ 莴笋 300 克，香菇 80 克，鸡肉 100 克，鸡蛋 1 个

辅 料▶ 植物油、食盐、酱油、湿淀粉各适量

·操作步骤·

① 莴笋去皮洗净切丝；香菇洗净切丁；鸡肉洗净剁末。

② 油锅热时放入莴笋丝，大火快速炒熟，加食盐调味出锅摆盘。

③ 另起锅热油，放入香菇丁、鸡肉末迅速炒散，加食盐、酱油翻炒均匀，用湿淀粉勾薄芡做成肉酱，盛在莴笋丝的中央。

④ 最后取生鸡蛋黄，放在肉酱中央，吃的时候拌匀即可。

·营养贴士· 莴笋味道清新且略带苦味，可刺激消化酶分泌，增进食欲。

干锅青笋腊肉

主 料▶ 腊肉 400 克，青笋 150 克，黑木耳 5 克

辅 料▶ 姜、郫县豆瓣酱各 5 克，干辣椒 10 克，蒜 3 克，生抽 3 克，植物油、料酒各适量

·操作步骤·

① 将腊肉蒸 10 分钟，切成薄片；青笋去老皮切片；木耳洗净去蒂，撕成小朵；姜、蒜切片；干辣椒切碎。

② 锅内放植物油，将腊肉煸炒片刻滤油捞出，然后将姜片、蒜片、干辣椒碎片放入锅里爆香，再加入郫县豆瓣酱炒出红油；接着将木耳放入翻炒，再放入青笋，并加生抽和料酒，炒熟，最后放入腊肉炒匀即可。

·营养贴士· 青笋的含钾量较高，具有利尿、宽肠、通便的功效。

烧酿茄子

主 料 长茄子1个，牛肉末200克

辅 料 香菜末10克，生粉20克，植物油150克，酱油、食盐、白糖、鸡精各5克，湿淀粉3克

·操作步骤·

① 整只的茄子洗净，去蒂切成长段，在茄子的切口处挖出"V"形的凹陷。

② 牛肉末加入香菜末、食盐、鸡精腌渍15分钟，制成馅，然后填到茄子的凹陷内，拍上生粉。

③ 锅内放入植物油，五成热时放入茄子，保持油温炸8分钟，捞出后控油。

④ 锅中放入少量水，加食盐、鸡精、白糖、酱油，放入茄子烧开，继续烧2分钟，用湿淀粉勾芡即可。

·营养贴士· 茄子含有蛋白质、脂肪、糖类、维生素等多种营养成分，具有清热解毒、延缓衰老的作用。

·操作要领· 炸茄子时油温要高一些，如果油温太低，不仅会因炸的时间长而将茄子炸老，还会让茄子吸很多油，影响口感。

牛肉扣芦笋

主 料 牛肉 150 克，白芦笋 200 克

辅 料 绍酒 30 克，酱油 3 克，白糖 5 克，水淀粉 15 克，姜丝 3 克，食盐、辣椒粉、植物油各适量，胡椒粉、鸡精各少许

·操作步骤·

① 芦笋去老皮，切成条，加食盐清炒至熟，盛出摆盘。

② 牛肉去筋络，切成丝，放入碗内加胡椒粉、水淀粉、绍酒和少许清水腌 15 分钟。

③ 锅内倒入植物油，放入牛肉炒至变色，加入姜丝、白糖、酱油、鸡精、少许清水，烧沸后用水淀粉勾芡，撒入辣椒粉，起锅倒在芦笋上即可。

·营养贴士· 牛肉蛋白含量高，脂肪含量低，芦笋也具有低脂肪的特点，两者搭配具有很好的增进食欲、帮助消化的作用。

香菇冬笋烧肉丁

主 料 冬笋 150 克，猪肉 150 克，香菇 50 克，辣椒适量

辅 料 辣椒酱、老抽、植物油、食盐、鸡精各适量

·操作步骤·

① 准备所需主材料。

② 把香菇和冬笋切成丁；把辣椒切成小片。

③ 将猪肉切成肉丁。

④ 锅内放入植物油，油热后放入辣椒酱爆香，然后放入猪肉翻炒片刻，放入冬笋、香菇、辣椒翻炒至熟，最后放入食盐、老抽、鸡精调味即可。

·营养贴士· 本道菜有和中润肠、清热化痰的功效。

冬笋焖肉

主 料 猪瘦肉 200 克，冬笋 250 克

辅 料 米酒 30 克，酱油 5 克，酱豆腐 10 克，蚝油 10 克，葱花、姜丝各 10 克，食盐 3 克，植物油适量，五香粉少许

·操作步骤·

① 瘦肉洗净，切成片，冷水煮去血沫；冬笋去皮洗净，切成滚刀块，下入开水锅中煮 3 分钟去涩味，捞出过凉水。

② 热锅大火放少许油，爆香葱花、姜丝，放入冬笋翻炒均匀，再下肉片翻炒 1 分钟，倒入米酒、酱油、酱豆腐、蚝油、五香粉，翻炒均匀，加少量热水、食盐。

③ 大火煮开 5 分钟，再转小火焖煮 15 分钟至酱料完全被吸收，即可出锅。

·营养贴士· 冬笋不仅营养丰富，还具有药用功能，可以促进肠道蠕动，是促进消化、美容瘦身的极好选择。

·操作要领· 冬笋在翻炒过程中如果太干，可稍微加点水；肉片下锅后不可炒的时间太长，否则容易使肉质变老。

茼蒿炒肉丝

主 料▷ 茼蒿 200 克，猪肉 150 克

辅 料▷ 葱丝、姜丝、酱油、食用油、食盐、味精各适量

操作步骤

① 准备所需主材料。

② 将茼蒿洗净后切段；将猪肉切丝。

③ 往锅内加入食用油，待油五成热时放入肉丝、葱丝、姜丝、酱油翻炒片刻。

④ 放入茼蒿翻炒片刻，至熟后再放入食盐和味精调味即可。

烹饪心得

营养贴士：茼蒿富含维生素和多种矿物质，具有消食开胃、通便利肺的功效。

操作要领：茼蒿易熟，肉丝炒熟后再加入茼蒿。

双冬
烧肚仁

主 料 熟肚仁 200 克，冬笋 100 克，鲜冬菇适量

辅 料 酱油、料酒各 5 克，白糖、食盐各 3 克，鸡精 2 克，葱花、姜末、蒜末、植物油各适量，生粉、葱油各少许

·操作步骤·

① 熟肚仁切成小块；冬笋、香菇洗净，改刀切片。

② 炒锅中加入植物油，六成热时下入姜末、蒜末炒香，加入肚仁、冬笋、冬菇，烹入酱油、料酒，加水至与食材平齐，调入食盐、鸡精、白糖，大火烧开。

③ 烧开后转中火继续焖烧15 分钟，大火收汁，用生粉勾芡，淋入葱油，撒入葱花即可。

·营养贴士· 本道菜有补益脾胃、强壮骨骼的作用。

·操作要领· 肚仁要用熟的，做之前可以先焯一下，将肚仁焯透、焯软，这样口感会更好一些。

肉碎豉椒**炒酸豇豆**

主　料 酸豇豆 300 克，肉馅 100 克

辅　料 黑豆豉 20 克，鲜红辣椒 5 个，酱油、料酒、鸡精、植物油、盐、白糖、香油、水淀粉、酸菜、葱末、姜末各适量

·操作步骤·

① 酸豇豆、酸菜、鲜红辣椒切碎；肉馅用料酒调稀。

② 炒锅上火，植物油热后下入葱末、姜末、黑豆豉爆香，加入肉馅煸熟，加入豇豆碎、酸菜碎和鲜红辣椒碎，用鸡精、料酒、盐、酱油、白糖调味，最后用水淀粉勾芡，淋上少许香油即可。

·营养贴士· 豇豆具有理中益气、健脾补肾、调颜养身的功效。

腊肉**豆腐小油菜**

主　料 腊肉 200 克，豆腐 1 块，小油菜 200 克

辅　料 青蒜 1 棵，豆豉、生抽、糖、料酒、植物油各适量

·操作步骤·

① 腊肉上锅蒸一下，水开后 10 分钟即可，然后切片待用；豆腐切片待用；青蒜切段待用。

② 锅里放油，加 1 勺豆豉，小火炒出红油；放入腊肉片，煸至变色出油后，放入豆腐和小油菜，翻炒均匀。

③ 加生抽、料酒、糖，翻炒均匀，出锅前放入青蒜段，快炒几下，即可出锅。

·营养贴士· 油菜含有丰富的维生素 C，具有美容保健、解毒消肿的作用。

酿焖**扁豆**

主 料▶ 扁豆、肉馅各适量

辅 料▶ 葱末、姜末、蒜末、盐、味精、白糖、酱油、料酒、水淀粉、八角、黄酱、油各适量

·操作步骤·

① 将肉馅加葱末、姜末、蒜末、水淀粉、白糖、盐、料酒、味精调味并搅拌上劲备用；将扁豆从中间切开，逐个酿入肉馅。

② 锅中加油烧热，炒香黄酱、八角，调入料酒、酱油、白糖、清水，烧开后用水淀粉勾芡即成酱汁。

③ 坐锅点火倒油，将扁豆放入煎至表面微黄，焖熟后淋入炒好的黄酱汁即可。

·营养贴士· 扁豆的营养成分相当丰富，富含蛋白质、脂肪、糖类、钙、磷、铁及食物纤维、维生素 A 原、维生素 B_1、维生素 B_2、维生素 C 和氰甙、酪氨酸酶等。

·操作要领· 肉馅中加入绍兴黄酒可以增香。

干锅土豆片

主料 土豆 300 克，肉 200 克

辅料 杭椒、红椒各 1 个，郫县豆瓣酱 10 克，鸡精 5 克，葱花、油各适量

·操作步骤·

① 土豆去皮切片，过凉水，控干；锅中放入比平时炒菜多一倍的油，油微热时煎土豆片至两面金黄。

② 杭椒洗净切条；红椒洗净切圈；肉切片。

③ 用之前煎土豆片剩下的油炒肉片、红椒圈、杭椒条，倒入郫县豆瓣酱翻炒出红油，加入 2 汤勺水，放入鸡精，下入土豆片，翻炒至没有水分，即可倒在干锅中，撒上葱花即可。

·营养贴士· 土豆有和胃、调中、健脾、益气的作用，对胃溃疡、习惯性便秘、热咳及皮肤湿疹也有治疗功效。

·操作要领· 土豆切好片之后，一定要过冷水，冲去土豆内多余的淀粉，不然很容易糊锅。

开胃畜肉类小炒

湖南小炒肉

主 料▷ 鲜猪肉 300 克，青椒 150 克

辅 料▷ 姜、蒜各少许，盐、鸡精、酱油、
植物油各适量

·操作步骤·

① 猪肉切薄片；青椒切菱形片；姜、蒜切末。

② 锅倒油烧热，放入姜、蒜炒香，加入猪
肉煸炒至八分熟时加入青椒、酱油、盐
一起煸炒至熟，最后加入鸡精调味即可
出锅。

·营养贴士· 本道菜有开胃助食、补虚强身
的功效。

韭黄炒肉丝

主 料▷ 猪肉、韭黄各 200 克

辅 料▷ 红辣椒1个，植物油、葱、酱油、料酒、
姜、盐、淀粉各适量

·操作步骤·

① 将猪肉切成细丝，用酱油、淀粉、料酒
调汁浸泡；韭黄洗净切段；红辣椒切丝。

② 油锅热后，先煸葱、姜，拣出，然后将
肉丝放入炒几下，将韭黄、红辣椒、盐
倒入锅内一并烩炒即成。

·营养贴士· 本道菜有行气活血、补肾助阳
的功效。

豇豆炒肉

主 料 豇豆 300 克，鲜肉 100 克

辅 料 白糖 3 克，料酒 10 克，精盐 5 克，水淀粉 10 克，鸡油 25 克，尖椒 1 个，鸡汤适量

·操作步骤·

① 豇豆撕去老筋，洗净，切小段；鲜肉洗净，切长条备用；尖椒切碎。

② 炒锅烧热，倒入鸡油，加入肉丝翻炒片刻，再将豇豆煸至色变浅绿，加入鸡汤、白糖、料酒、精盐、尖椒碎，烧 4 分钟左右，用水淀粉勾芡，拌匀入味，出锅装盘即可。

·营养贴士· 本道菜有健脾开胃、利尿除湿的功效。

·操作要领· 生豇豆中含有的溶血素和毒蛋白对人体有毒，所以一定要充分加热煮熟或炒熟，或急火加热 10 分钟以上，以保证豇豆熟透。

白菜梗炒肉丝

主　料▶ 白菜梗 300 克，鲜猪肉 100 克，红辣椒适量

辅　料▶ 猪油、盐、酱油、味精、蒜茸香辣酱、水淀粉各适量

·操作步骤·

① 用水洗净白菜梗，然后切成长丝；红辣椒去蒂切丝。

② 鲜猪肉洗净切丝，加入盐、酱油和水淀粉上浆入味。

③ 锅中倒入猪油，八成热时倒入肉丝翻炒，变色后加入红辣椒丝和白菜梗丝，调入味精、蒜茸香辣酱翻炒。炒熟出锅装盘即成。

·营养贴士· 本道菜有清热利尿、滋阴润燥的功效。

茭白肉丝

主　料▶ 茭白 250 克，猪肉 150 克

辅　料▶ 精盐 5 克，酱油、料酒、醋各 10 克，味精 3 克，植物油 25 克，红辣椒 1 个

·操作步骤·

① 将猪肉切粗丝，待用；茭白剥皮切粗丝；红辣椒洗净切圈。

② 炒锅烧热，入植物油，油热后加入肉丝，炒变色后放茭白丝、辣椒圈煸炒，加精盐、料酒、酱油、味精、醋，继续煸炒，熟后出锅装盘即成。

·营养贴士· 本道菜有生津止渴、润滑肌肤的功效。

蚂蚁上树

主料 粉丝 200 克，猪肉 150 克

辅料 姜、葱、蒜、豆瓣、盐、酱油、味精、料酒、高汤、胡椒粉、植物油、红辣椒各适量

·操作步骤·

① 姜、蒜切成米粒状；葱切成葱花；辣椒切成小段；猪肉剁成末。

② 粉丝用温水泡发，用剪刀剪成 15 厘米长的段。

③ 炒锅内加油烧热，放肉末、豆瓣、姜、蒜、辣椒炒香，倒入高汤，加盐、酱油、味精、料酒、胡椒粉调味，放入粉丝，快速翻炒至入味、收汁，撒上葱花，起锅装盘即成。

·营养贴士· 本道菜有抗菌护肝、开胃助食的功效。

·操作要领· 此菜要速炒，时间长了粉丝容易粘连，影响菜肴口感。

冬笋肉丝

主料 猪肉、冬笋各 100 克，菠菜 50 克

辅料 植物油、精盐、味精、绍酒、鲜姜各适量

·操作步骤·

① 猪肉切细丝；冬笋洗净，过水，切成同样的细丝；姜洗净、去皮，切成极细的末；菠菜洗净备用。

② 把炒锅放在旺火上，放入植物油、肉丝、冬笋丝、菠菜，急火煸炒，再放入精盐、味精、绍酒、姜末继续煸炒，炒熟装盘即成。

·营养贴士· 本道菜有开胃消食、降脂瘦身的功效。

麻花炒肉片

主料 猪里脊肉 200 克，麻花 50 克，绿、黄灯笼椒各 1 个

辅料 食盐、味精、水淀粉、料酒、葱段、色拉油各适量

·操作步骤·

① 猪里脊肉洗净切片，加入食盐、水淀粉、料酒拌匀上浆；灯笼椒洗净切厚片；麻花掰成小段。

② 锅中热油，油温达到 110℃时将肉片滑油至熟，然后捞出沥油。

③ 锅留底油，放葱段和灯笼椒爆香，倒入适量清水，调入食盐、味精，再用水淀粉勾芡，倒入肉片和麻花搅匀即成。

·营养贴士· 本道菜有解热镇痛、开胃助食的功效。

白辣椒
炒肉泥

主 料 猪肉泥 300 克，白
辣椒 100 克，红辣
椒 30 克

辅 料 蒜末、葱花、酱油、
食用油、鸡精各适量

·操作步骤·

① 猪肉泥中加入酱油，腌
渍 5 分钟。

② 白辣椒、红辣椒分别洗
净，切碎。

③ 锅中放油烧热，放入猪
肉泥翻炒至熟。

④ 另起锅放油，加入蒜末
爆香，然后加少许酱油，
倒入白辣椒、红辣椒翻
炒，再把肉泥倒入翻炒，
最后放入葱花、鸡精调
味即可。

·营养贴士· 本道菜有开胃驱寒、促进消化的功效。

·操作要领· 放鸡精主要是为了调味，如果不喜欢，也可不加。

菜花炒肉

主料 五花肉 300 克，菜花 100 克

辅料 红辣椒 1 个，植物油、蚝油、葱、姜、豆豉辣酱、食盐、鸡精各适量

·操作步骤·

① 将菜花洗净撕成条状；红辣椒洗净切段；五花肉倒入蚝油抓匀，腌约 10 分钟。

② 锅中倒入植物油，油热后放葱、姜爆香，倒入五花肉，炒至变色再加入菜花、豆豉辣酱、食盐翻炒。

③ 最后加红辣椒、鸡精翻炒均匀即可。

·营养贴士· 本道菜有强肾壮骨、生津止渴的功效。

干锅腊肉白菜帮

主料 腊肉 200 克，白菜帮 300 克

辅料 杭椒 30 克，姜、蒜、盐、生抽、糖、植物油、葱花、剁椒各适量

·操作步骤·

① 白菜帮洗净切粗丝；腊肉切片；姜、蒜剁碎；杭椒切段。

② 锅中倒油大火加热，待油五成热，放入剁椒、姜、蒜，炒出辣香味后，放入杭椒和腊肉，煸炒 20 秒钟左右，待腊肉的肥肉部分变透明，倒入白菜帮炒 2 分钟。

③ 待白菜帮稍微变软，调入盐、生抽和糖，搅拌均匀后，翻炒几下，最后撒上葱花即可关火出锅。

·营养贴士· 本道菜有清热利尿、开胃消食的作用。

蒜黄**肚丝**

主 料 蒜黄 200 克，猪肚 300 克

辅 料 葱末、姜末、蒜末、精盐、生抽、
植物油各适量

·操作步骤·

① 蒜黄洗净切段；猪肚洗净，用沸水煮一下，
捞出控干后切丝。

② 锅中倒油烧热，加入葱末、姜末、蒜末
爆香，放肚丝煸炒至断生，加蒜黄段一
起煸炒至熟，出锅前加上精盐、生抽调
味即可。

·营养贴士· 蒜黄具有醒脾气、消积食的
作用，同时对心脑血管也
有一定的保护作用，可预
防血栓的形成。

·操作要领· 猪肚一定要内外翻洗干净，
否则会有异味。

小炒猪肝

 操作步骤

主　料 猪肝 350 克，红辣椒 2 个，蒜薹适量

辅　料 料酒、蒜末、食用油、食盐、味精各适量

① 准备所需主材料。

② 把猪肝切成片。

③ 将蒜薹切成段；把红辣椒切成末。

④ 在锅中加入食用油，油热后倒入料酒、蒜末炝锅，放入猪肝、蒜薹、红辣椒翻炒，至熟后放入食盐、味精调味即可。

 烹饪心得

营养贴士：本道菜有润肠排毒、补血补钙的功效。

操作要领：猪肝烹调时间不能太短，至少应该在急火中炒 5 分钟以上，使肝完全变成灰褐色，看不到血丝才好。

茭白
烧腊肉

主 料 茭白 400 克，腊肉 100 克

辅 料 植物油、白糖、酱油、盐、鸡粉、淀粉各适量

·操作步骤·

① 茭白去皮，切去老根，洗净后切条；腊肉洗净切成长条。

② 锅中加油，六成热时下茭白条，炸至五成熟捞出。

③ 锅中留底油，翻炒腊肉，炒出香味后倒入茭白、盐、白糖、酱油炒匀，加入适量清水和鸡粉焖煮片刻，最后用淀粉勾芡即可。

·营养贴士· 本道菜可以开胃祛寒、促进消化。

·操作要领· 为保证茭白的口感，一定要切去老根，顺着纹理切条。

蒜香**盐煎肉**

主 料 猪里脊肉 300 克，蒜薹 100 克，青椒、红椒、洋葱各 30 克

辅 料 蒜片、精盐、味精、酱油、白糖、辣酱、生粉、香油、腐乳汁、植物油各适量

· 操作步骤 ·

① 将猪里脊肉切片，加酱油、精盐、白糖、腐乳汁、生粉、香油、植物油拌匀，腌渍 10 分钟；青椒、红椒、洋葱分别洗净，均切丝；蒜薹洗净，切段。

② 锅中倒少许油，下蒜片煸至金黄，然后放入肉片，翻炒变色，加少许水、辣酱炒香，再放入洋葱，加精盐、酱油、白糖、腐乳汁、味精、香油，最后放入青椒、红椒、蒜薹炒匀即可。

· 营养贴士 · 本道菜有调节血糖、祛寒健胃的功效。

蒜苗**腊肉**

主 料 腊肉 500 克，蒜苗 100 克

辅 料 红辣椒、精盐、植物油各适量

· 操作步骤 ·

① 腊肉放沸水锅里煮透后晾凉切片；蒜苗切斜段，茎和叶分开放；红辣椒切片。

② 锅中倒油烧热，放入腊肉炒到透明出油，下蒜茎部分，炒至断生。

③ 最后下蒜苗叶子和红辣椒，出锅前放入精盐调味即可。

· 营养贴士 · 腊肉中磷、钾、钠的含量丰富，还含有脂肪、蛋白质、糖类等元素，具有开胃祛寒、消食等功效。

油菜炒猪肝

主料 猪肝 500 克，油菜 300 克，木耳 20 克

辅料 植物油、香油、酱油、醋、料酒、精盐、味精、白糖、水淀粉、干淀粉、葱末、姜末、蒜末各适量

·操作步骤·

① 猪肝剔筋洗净，切片；油菜洗净撕成薄片；木耳泡发，撕片备用；空碗中加入葱末、姜末、蒜末、料酒、酱油、精盐、味精、白糖、醋、水淀粉和清水兑成芡汁。

② 猪肝片加入干淀粉均匀上浆，锅中加油，八成热时下入猪肝片滑散，最后捞出沥油。

③ 锅中留底油，爆炒油菜，至九成熟盛出

备用；锅中热油，倒入芡汁，待变浓后，淋入香油，倒入猪肝、油菜、木耳，炒匀即可。

·营养贴士· 本道菜有补肝明目、益智补血的功效。

·操作要领· 肝切片后应迅速下锅，因为新鲜的猪肝切后放置时间一长胆汁会流出，不仅损失养分，而且炒熟后有许多颗粒凝结在猪肝上，影响外观和口感。

苦瓜炒肚丝

主料 猪肚 300 克，苦瓜 2 根

辅料 红辣椒 1 个，香油 3 克，大蒜 10 克，
油、酱油、醋、白砂糖、盐各适量

·操作步骤·

① 猪肚切丝，用香油拌匀；苦瓜去皮切条；
红辣椒切丝；大蒜切末。

② 锅中热油，油热后下入蒜末爆香，倒入
猪肚爆炒片刻，加入苦瓜、辣椒丝翻炒，
加入盐、白砂糖、酱油、醋调味，炒熟
淋上香油即可。

·营养贴士· 本道菜有清热消暑、滋肝明目
的功效。

干辣椒皮炒猪耳

主料 猪耳 1 只（200 克）

辅料 干辣椒皮 120 克，精盐、味精、花
椒油、植物油各适量，蒜末、葱段、
姜末各少许

·操作步骤·

① 猪耳用火略烧后，放入温水中刮洗干净，
再入锅煮熟，捞出切成薄片；干辣椒皮
用温水稍泡，沥干水分切开。

② 锅中放油烧热，加入蒜末、葱段、姜末
爆香，倒入猪耳略炒，然后加入干辣椒皮、
精盐稍炒，加少许花椒油与味精，炒匀
起锅即成。

·营养贴士· 本道菜有健脾开胃、益气补血
的功效。

酸辣**腰花**

主料 猪腰 600 克，泡菜 100 克，红椒 50 克，水发香菇 20 克

辅料 精盐 3 克，酱油 5 克，味精 2 克，料酒 10 克，香油 8 克，湿淀粉 20 克，大蒜 20 克，猪油（板油）40 克

·操作步骤·

① 猪腰撕去皮膜，片成两半，再片去腰臊洗净，在表面斜剞一字花刀，翻过来再斜剞一字花刀，切成斜方块，装入盘内，用精盐拌匀，加湿淀粉浆好；水发香菇去蒂洗净，切块；泡菜切长片；红椒去蒂、去籽洗净，切菱形片；大蒜择洗净切片。

② 将猪油烧热，放入腰花，滑至八成熟，倒入漏勺滤油。

③ 锅内留底油，放入泡菜、香菇、红椒、大蒜炒一下，烹入料酒，加精盐、酱油、味精，倒入滑熟的腰花，翻炒几下，用湿淀粉调稀勾芡，再淋入香油即可。

·营养贴士· 本道菜有和肾理气、开胃健食的功效。

·操作要领· 炒腰花时加入料酒可以去除膻味。

红酒烩猪尾

主 料 猪尾 1 根，胡萝卜适量

辅 料 红酒 150 克，干辣椒、葱花、姜末、
蒜末、五香粉、老抽、味精、白糖、
精盐、植物油各适量

·操作步骤·

① 猪尾下锅煮沸后，捞起切段；胡萝卜洗净，
切成滚刀块。

② 锅内放油烧热，下姜末、蒜末、辣椒煸
炒出香味，然后倒入猪尾，用大火翻炒
一会儿，再依次放入红酒、白糖、老抽、
五香粉、味精、精盐和少许水。

③ 汤汁煮沸后改小火，加入胡萝卜，焖 20
分钟左右，汤汁浓稠时撒上葱花即可出
锅。

·营养贴士· 本道菜有增强骨质、补肾健脑
的功效。

湘味萝卜干炒腊肉

主 料 腊肉 300 克，萝卜干 50 克

辅 料 植物油 20 克，料酒、酱油各 10 克，
干辣椒 10 克，葱 5 克，鸡精 3 克，
精盐少许

·操作步骤·

① 将萝卜干用温水泡 5 分钟至变软，捞出
挤干水分，切成段；腊肉切薄片；干辣
椒洗净切段；葱洗净切菱形。

② 锅中放油烧热，放入切好的腊肉，炒至
腊肉的肥肉呈透明状时，盛出备用。

③ 锅中放油烧热，放入干辣椒段、葱翻炒，
再放入萝卜干翻炒几下，加入腊肉、精
盐、料酒、酱油、鸡精翻炒均匀，装盘
即可。

·营养贴士· 本道菜有祛寒祛湿、健胃消食
的功效。

剁椒
肝腰合炒

主料 鲜猪肝、鲜猪腰各200克

辅料 剁椒 30 克，生抽 10 克，蒜瓣、姜末各 10 克，食盐 5 克，鸡精 3 克，小米椒、植物油各适量，花椒粒少许

·操作步骤·

① 鲜猪肝洗净，切片；鲜猪腰洗净，切成略厚的片，在一面斜剖十字花刀。

② 蒜瓣用刀背拍破；小米椒洗净，切段。

③ 炒锅放植物油，六成热时下入花椒粒炸香，倒入蒜瓣、姜末、剁椒、小米椒翻炒出香味，加入猪肝、猪腰翻炒均匀。

④ 待猪肝、猪腰变色熟透，加入生抽、鸡精、食盐调味，即可起锅。

·营养贴士· 本道菜有补肝明目、补肾强腰的功效。

·操作要领· 十字花刀指的是在原料表面划出距离均匀、深浅一致的刀纹，然后改刀成小块状，经过加热后能使原料卷曲成不同形状的方法。

蒜薹腊肉

主 料▷ 蒜薹、腊肉各适量

辅 料☞ 红辣椒 1 个，植物油、姜片、盐、
绵白糖各适量

·操作步骤·

① 蒜薹洗净切段；红辣椒洗净切条。

② 将腊肉放入开水中煮一下，然后捞出放
凉，切成长条。

③ 锅置火上，倒入植物油，油热后下腊肉
翻炒，炒至透明下姜片、红辣椒同炒，
再倒入蒜薹段，最后加盐、绵白糖调味
即可。

·营养贴士· 本道菜有开胃祛寒、调和脏腑
的功效。

腊肉炒手撕包菜

主 料▷ 腊肉 150 克，包菜 400 克

辅 料☞ 干辣椒 15 克，植物油、精盐、姜末、
蒜末、酱油、蚝油、味精各适量

·操作步骤·

① 腊肉蒸 10 分钟后，切片；包菜洗净，手
撕成片；干辣椒切段。

② 锅中下油，把腊肉煸炒至出油，煎至金黄，
然后下姜末、蒜末、干辣椒煸炒出香味，
再下包菜，转大火快速翻炒至五成熟，
加精盐、酱油、蚝油翻炒至熟，撒上味
精即可。

·营养贴士· 本道菜有美容养颜、延缓衰老
的功效。

熘炒**肥肠**

主料 熟猪大肠头 400 克，黄瓜 30 克

辅料 酱油 10 克，精盐 5 克，白糖 3 克，水淀粉 5 克，味精 3 克，姜末 3 克，蒜片、醋、植物油、葱节各适量

·操作步骤·

① 将猪大肠头斜刀切成片，用加醋的水焯一下，捞出后净水，装碗内，加适量精盐；黄瓜洗净切片。

② 坐锅加油，烧至 180℃ 时，放入大肠片炸至金黄色捞出，控净油。

③ 原锅留底油，用葱、姜、蒜炝锅后捞出，入大肠片，添适量水，放酱油、精盐、白糖调味，烧开撇去浮沫，盖上锅盖，改为微火烧至汤浓肠烂时，放入黄瓜片，加味精，用水淀粉勾芡，出锅装盘即可。

·营养贴士· 本道菜有润燥补虚、止渴止血的功效。

·操作要领· 要选购乳白色、质稍软、具有韧性、有黏液、不带粪便及污物的大肠食用。

腊肉炒水芹

主 料 水芹菜 200 克，腊肉 150 克

辅 料 泡椒 25 克，生抽 10 克，蒜末、姜末各 5 克，食盐 3 克，植物油适量

·操作步骤·

① 腊肉用温水洗净，入锅煮 30 分钟，煮好的腊肉稍晾凉后切片。

② 水芹菜择去叶子，洗净切成段；泡椒剁碎末。

③ 锅内加植物油烧热，加入泡椒、蒜末、姜末爆香，将腊肉入锅，煸香出油。

④ 加入水芹菜翻炒均匀至断生，加食盐、生抽调味，炒匀即可出锅。

·营养贴士· 本道菜有开胃祛寒、促进消化的功效。

蒜子炒牛肉

主 料 牛肉 300 克，大蒜 2 头，洋葱 30 克

辅 料 水淀粉 30 克，黄油 30 克，蛋清 25 克，蚝油 20 克，黑胡椒粉 5 克，植物油适量，食盐少许

·操作步骤·

① 牛肉洗净，切成 2 厘米左右的块，用蛋清、水淀粉、一多半黑胡椒粉、一半蚝油腌渍 10 分钟；大蒜剥好；洋葱洗净，切小片。

② 锅中烧热植物油，倒入腌好的牛肉块滑熟，倒入漏勺内控油。

③ 另起一锅，将黄油放入锅中，用中小火化开，放入大蒜瓣、洋葱，煸至蒜瓣成金黄色，倒入牛肉，调入食盐、剩余蚝油翻炒至熟，出锅前撒入少许黑胡椒粉即可。

·营养贴士· 本道菜有补益气血、强身健脑的功效。

黑椒**牛柳**

主 料 牛柳 250 克，洋葱 50 克，青柿子
椒 30 克，红柿子椒 15 克

辅 料 黑胡椒粒 5 克，精盐 4 克，味精 2 克，
淀粉 10 克，酱油 7 克，鸡蛋液 15
克，蒜末 10 克，蚝油 15 克，老抽
5 克，葱头 50 克，吉士粉、植物油、
高汤各适量

·操作步骤·

① 将牛柳洗净去筋斜刀切成大片，用刀拍
松制成牛柳，用盐、味精、酱油、吉士粉、
鸡蛋液、淀粉拌匀腌入味。

② 将葱头 40 克切圈，另 10 克葱头及青、

红柿子椒切末。

③ 锅内放植物油上火烧热，将葱头末、
柿子椒末、蒜末下入锅内爆香，加黑
胡椒碎粒、蚝油、老抽、高汤烧滚，
用湿淀粉勾芡盛出。

④ 铁板烧热，另起锅放油，烧至七成热
下牛柳，煎至八成熟倒入漏勺中。将
葱头圈放在烧热的铁板上，码上牛柳，
上桌时浇上汁即可。

·营养贴士· 本道菜有预防血栓、降低血
脂的功效。

·操作要领· 拍松牛肉并用淀粉抓拌是为
了使牛肉更嫩。

干煸牛肉丝

主　料▷ 牛肉 200 克，香菜 10 克

辅　料▷ 辣椒酱、食用油、食盐、味精各适量

操作步骤

① 准备所需主材料。

② 将牛肉切丝，把香菜切段。

③ 锅内放入食用油，油热后放入肉丝煸炒片刻。

④ 向锅内放入香菜和辣椒酱，再翻炒一会儿，最后加入食盐和味精调味即可。

营养贴士：本道菜有健胃利尿、降压降脂的功效。

操作要领：选购香菜时以苗壮、叶肥、新鲜、长短适中、香气浓郁、没有黄叶、没有虫害的为佳。

芹香牛肉丝

主 料 芹菜 100 克，牛肉 100 克

辅 料 红辣椒 1 个，姜末 5 克，精盐 3 克，味精 2 克，酱油少许，植物油、豆干各适量

·操作步骤·

① 牛肉洗净切丝；芹菜摘去老叶、黄叶，取茎部，洗净掰成段；红辣椒洗净，去蒂、籽，切末。

② 炒锅置于旺火上烧热，锅中倒入植物油烧至六成热时，放入豆干炒至黄色盛起备用。

③ 锅内留少量植物油，放入姜末、红辣椒煸香，加入肉丝略炒，再加入芹菜、酱油、精盐，最后加入味精翻炒均匀入味，出锅装盘即可。

·营养贴士· 本道菜有养血补虚、美白护肤的功效。

·操作要领· 牛肉是肉类纤维较粗的食材，一不上心容易炒得过老而影响口感，所以一般是大火快炒。

莴笋凤凰片

主 料 莴笋1根，鸡肉100克

辅 料 红辣椒1个，蒜1头，植物油、盐、糖、白醋、鸡精各适量

·操作步骤·

① 鸡肉洗净切片；莴笋去掉叶子，去皮，去老根部，切片；红辣椒切段；蒜剥皮洗净切碎备用。

② 锅中倒油烧至四成热，下辣椒段、蒜小火慢慢爆香，拣出；旺火，下肉片翻炒，炒至变色时加入莴笋片翻炒，炒至莴笋变色断生，放盐、糖、白醋、鸡精调好味，装盘即可。

·营养贴士· 本道菜有清热解毒、帮助消化的功效。

葱爆羊肉

主 料 羊肉片200克，大葱2棵

辅 料 料酒10克，酱油10克，白糖3克，白胡椒粉10克，味精2克，姜片15克，蒜碎10克，米醋10克，精盐、植物油各适量，香菜少许

·操作步骤·

① 羊肉切薄片，放料酒、酱油、白糖、白胡椒粉、味精，搅拌均匀后腌5分钟。

② 大葱切片；香菜洗净切段。

③ 锅烧热后倒油，待八成热时倒入羊肉片，快速翻炒至羊肉变色后，放葱片、姜片翻炒一小会儿，淋一点儿米醋，倒蒜碎、香菜段，调入精盐稍微翻炒几下即可。

·营养贴士· 本道菜有暖胃祛寒、增强体质的功效。

生炒
羊肉片

主 料 羊肉 400 克，青椒、红椒各 1 个，茼蒿杆 50 克

辅 料 大蒜 8 瓣，生姜 1 块，食用油 20 克，香油、料酒各 3 克，精盐、味精各 5 克，胡椒粉少许，淀粉、豆瓣酱各适量

·操作步骤·

① 羊肉洗净切片，茼蒿杆洗净切段；姜、青椒、红椒、大蒜分别洗净切片备用。

② 锅中放油，油热后下姜、蒜、豆瓣酱炒香，倒入羊肉片和料酒爆炒。

③ 炒至变色后加入青椒、红椒、茼蒿杆、精盐、味精、胡椒粉继续翻炒片刻，最后用淀粉勾芡，淋上香油即可出锅。

·营养贴士· 本道菜有滋补体虚、抵御寒邪的功效。

·操作要领· 羊肉和料酒一起翻炒，可去除膻味。

杭椒炒羊肉丝

主 料 ▶ 青杭椒 100 克，羊肉 150 克

辅 料 ▶ 植物油、盐、味精、辣椒酱各适量

·操作步骤·

① 青杭椒洗净，切成细丝；羊肉洗净切丝。

② 锅热油，先干煸青杭椒，再加入羊肉丝翻炒，最后加入盐、味精、辣椒酱调味即可。

·营养贴士· 本道菜有温中散寒、缓解疲劳的功效。

三湘啤酒兔丁

主 料 ▶ 兔丁、萝卜干各适量

辅 料 ▶ 葱末、姜末、蒜末、精盐、味精、植物油、酱油、料酒、白糖、花椒、干辣椒段、香油、生粉、啤酒各适量

·操作步骤·

① 兔丁中加精盐、生粉、酱油、料酒、植物油拌匀，腌 5 分钟；将植物油烧至三成热，放入腌好的兔丁炸至金黄取出控油。

② 坐锅点火，下葱、姜、蒜末爆香，加入干辣椒段、花椒炒香，再放入兔丁翻炒，加精盐、酱油、白糖、料酒、味精调味，起锅前加入萝卜干，淋香油即可装盘。

③ 将装有啤酒的酒杯倒置在盘中，盛上炒好的兔丁，让啤酒慢慢渗入兔丁中。

·营养贴士· 本道菜有凉血解毒、清热止渴的功效。

干煸**兔腿**

主料 兔腿 500 克，灯笼椒 15 克

辅料 花椒 10 克，葱、姜各 5 克，蒜 3 克，精盐 10 克，花生油 200 克，白糖 3 克，料酒 10 克，大料粉、酱油各适量

·操作步骤·

① 兔腿洗净切块，用大料粉、料酒、精盐、白糖、酱油拌匀，腌渍 1 小时；灯笼椒切成两半；葱切段；姜、蒜剁末。

② 锅内放花生油，烧至七成热时，放入腌好的兔肉，炸至深红色时捞出。

③ 锅内留底油，烧至四成热时下花椒、灯笼椒、葱、姜、蒜炒香，然后倒入兔肉煸炒，烹料酒，放精盐，改小火煸至兔肉水分变干，出锅装盘即成。

·营养贴士· 本道菜有凉血解毒、美容减肥的功效。

·操作要领· 兔块的血水一定要除尽。

干锅美容兔

主 料▶ 兔腿肉 250 克,芹菜、藕各 100 克

辅 料▶ 山椒、灯笼椒、花椒、精盐、豆瓣
酱、料酒、姜、蒜、植物油各适量

· 操作步骤 ·

① 兔腿肉洗净切块,放入山椒、花椒、精
盐、料酒拌匀,腌渍 20 分钟;芹菜切段;
藕切片;姜、蒜分别切片。

② 锅中放油,至七成热后,分别炸制芹菜、
藕和兔肉至九成熟。

③ 锅留底油,放入姜片、蒜片、豆瓣酱、

花椒、灯笼椒爆出香味,然后将所有
食材放进去,翻炒片刻,即可出锅装盘。

· 营养贴士 · 兔肉性味甘凉,含有丰富的
蛋白质,具有补中益气、
滋阴养颜、生津止渴的作
用。

· 操作要领 · 制作干锅兔时宜使用中火,
须将菜肴的汁水收干,使
兔肉变得干香滋润。

营养禽蛋类小炒

尖椒**炒鸡蛋**

主料 鸡蛋2个，尖椒400克

辅料 精盐5克，花椒水、葱花各20克，味精4克，姜末5克，植物油适量

· 操作步骤 ·

① 尖椒去蒂、去籽，切成丝；将鸡蛋磕入碗中，加精盐、味精、一点水搅匀，备用。

② 锅上火，加适量油烧热，倒入蛋液炒成穗状，出锅装盘，备用。

③ 锅上火，加底油烧热，用葱、姜炝锅，放入尖椒、花椒水煸炒，再放入精盐、炒好的鸡蛋，炒至熟，加味精调味，装盘即可。

· 营养贴士 · 本道菜有养血滋阴、美容保健的功效。

扁豆丝**炒鸡蛋**

主料 扁豆100克，鸡蛋100克

辅料 盐、调和油、水淀粉各适量

· 操作步骤 ·

① 扁豆去头尾和筋，洗净后斜切成细丝；鸡蛋磕入碗中，加盐、水淀粉打散。

② 锅中放调和油，烧热后放入扁豆丝和少量的盐，炒熟后盛出；锅中倒少量油烧热，倒入蛋液快速翻炒。

③ 再将扁豆倒入锅中，与鸡蛋一起炒匀即可。

· 营养贴士 · 本道菜有健脾除湿、补蛋白质的功效。

香葱虾皮
炒鸡蛋

主 料 虾皮 100 克，鸡蛋 3
个，香葱适量

辅 料 姜、食盐、植物油、
料酒各适量

·操作步骤·

① 香葱洗净切丁；姜洗净切
丝；虾皮洗净。

② 鸡蛋磕入碗内，加食盐及
洗净的虾皮拌匀；锅中
油热时将鸡蛋和虾皮下
锅炒熟，盛起备用。

③ 另起锅注植物油，油热
后下香葱丁、姜丝炒香，
下炒好的鸡蛋和虾皮，
烹入料酒，加食盐调味，
翻匀出锅，撒上香葱即
成。

·营养贴士· 本道菜有健脾开胃、增进食欲的功效。

·操作要领· 虾皮以个体呈片状、弯钩型、甲壳透明、
色红白或微黄、肉丰满、体长 25~40
毫米的为好。

椒麻薯蛋丝

主料 土豆 500 克，鸡蛋 100 克

辅料 精炼油 200 克，精盐、味精各 4 克，花椒粉 1 克，芝麻油 2 克，葱花 5 克

·操作步骤·

① 土豆削皮切细丝，用清水浸泡去掉淀粉；鸡蛋加水搅拌成蛋液。

② 锅置旺火上，放入精炼油烧至八成热，下入土豆丝炸至金黄色捞出待用。

③ 另取净锅，倒精炼油烧至五成热，放入鸡蛋炒香，加土豆丝、精盐、味精、花椒粉、葱花、芝麻油，炒均匀起锅装盘即可。

·营养贴士· 本道菜有健脾和胃、补蛋白质的功效。

香辣金钱蛋

主料 鸡蛋 6 个

辅料 泡红椒、干辣椒各 10 克，精盐 4 克，酱油 3 克，植物油 10 克，葱花、湿淀粉、面粉、香油各适量

·操作步骤·

① 拿 5 个鸡蛋煮熟，放凉后剥壳切成片；泡红椒、干辣椒切成碎末。

② 把剩下的 1 个鸡蛋磕入碗内，加入湿淀粉、面粉、精盐调匀成糊。

③ 炒锅坐火上，加植物油烧至六成热，将鸡蛋片逐个挂糊入锅炸，待蛋片呈金黄色时，出锅。

④ 锅中留底油，放入泡红椒末和干辣椒末爆炒出香味，然后放入炸好的鸡蛋，放精盐、酱油翻炒均匀，出锅前撒葱花，淋香油即可。

·营养贴士· 本道菜有美容保健、增强食欲的功效。

湘味**炒蛋**

主 料➡鲜鸡蛋 2 个，咸鸭蛋 1 个，青椒、红椒各 1 个

辅 料➡蒜、姜、葱各少许，食盐、鸡精、植物油各适量

·操作步骤·

① 青椒、红椒洗净剁碎；葱、姜、蒜切碎；鲜鸡蛋和咸鸭蛋敲开，分出蛋黄和蛋白，分别搅拌均匀。

② 冷锅热油，分别将蛋白和蛋黄炒熟，盛盘备用。

③ 另起锅放植物油，油热后将葱、姜、蒜爆香，放入青椒、红椒，加食盐、鸡精调味，放入炒好的蛋，拌匀出锅盛盘即可。

·营养贴士·本道菜有清肺利咽、美容养颜的功效。

·操作要领·品质好的咸鸭蛋外壳干净，光滑圆润，蛋壳呈青色，摇晃时有轻微的颤动感觉。

芙蓉西红柿

主 料 西红柿 100 克，鸡蛋 3 个，核桃仁 50 克，洋葱 10 克

辅 料 植物油 30 克，料酒 10 克，食盐、白糖各 5 克，鸡精 3 克，葱花适量

·操作步骤·

① 西红柿用开水烫去表皮，切成丁；鸡蛋取蛋清，加入食盐、料酒搅拌均匀；洋葱切末。

② 锅中放油，烧至四成热，倒入洋葱末炒出香味，放入鸡蛋液炒散，加入西红柿丁、白糖、鸡精、食盐翻炒均匀，撒入核桃仁炒匀，撒上葱花即可。

·营养贴士· 本道菜有美容养颜、生津止渴的功效。

三杯鸡

主 料 鸡腿肉 300 克，青椒、红椒各 3 克

辅 料 蒜瓣、葱头、姜片各 15 克，蒜末 3 克，味精 1 克，植物油、三杯汁、老抽、生抽、料酒、上汤、湿淀粉各适量

·操作步骤·

① 将鸡腿肉切成块，加料酒、生抽、10 克姜片腌渍一会儿。

② 锅中多放些油烧热，下腌渍好的鸡腿肉，炸至变色捞出，下蒜瓣和葱头，炸至浅黄色捞出沥油。

③ 锅留底油，下剩下的姜片、蒜末，炒出香味，放 1 勺上汤和三杯汁煮沸，下炸好的鸡腿肉和蒜瓣、葱头、青椒、红椒，加老抽、生抽，翻炒均匀，待鸡腿肉入味时撒入味精，用湿淀粉勾芡，装盘即可。

·营养贴士· 本道菜有疏风解表、化湿和中的功效。

香辣**茄子鸡**

主 料▸ 茄子 300 克，鸡腿 250 克

辅 料▸ 豆瓣酱 30 克，香醋、料酒、酱油
各 10 克，干辣椒段、蒜瓣、姜各
10 克，植物油适量，葱花、食盐
各少许

·操作步骤·

① 鸡腿洗净，切块，加入一半料酒及酱油
腌渍 30 分钟；茄子洗净切块；蒜瓣、姜
切末备用。

② 锅中加入植物油烧热，六成热时放入茄
子，炸至微黄，捞出控油；再下入鸡腿
炸至金黄，捞出控油。

③ 锅中留底油，放入蒜末、姜末、干辣
椒段、豆瓣酱炒出香味，放入鸡肉块、
茄子翻炒均匀，加剩余料酒、酱油、
香醋、食盐、适量水，炖至汤汁收干
后出锅装盘，最后撒入葱花即可。

·营养贴士· 本道菜有温中益气、补虚填
精的功效。

·操作要领· 茄子吃油，所以炸茄子的时
候油要多放。

子姜炒鸡

主料 鸡1只，子姜150克，荷兰豆、红椒各50克

辅料 蒜茸、食盐、生粉、茶油、生抽、鸡精各适量

·操作步骤·

① 取鸡半只，剁成小块，用食盐、生粉拌匀；子姜切成薄片；荷兰豆、红椒洗净切片。

② 将子姜直接放入锅中炒至半熟，装盘待用。

③ 锅中放茶油烧热，下鸡肉块、蒜茸翻炒，下子姜片、荷兰豆、红椒片一起翻炒至鲜亮，倒入少量开水，稍稍焖煮，淋上生抽，加点鸡精即可。

·营养贴士· 本道菜有温中益气、补虚填精的功效。

爆炒鸡胗

主料 鸡胗300克

辅料 葱、姜、蒜、红辣椒、食用油、食盐、鸡精各适量

·操作步骤·

① 将鸡胗表层黄色膜撕去，然后洗净切片，放热水中焯烫成形后捞出，备用。

② 红辣椒洗净切片，葱切丝，姜切末，蒜切片。

③ 锅中倒入食用油，油热加入葱丝、姜末、蒜片爆香，倒入鸡胗翻炒，最后加入辣椒片、食盐，待炒熟出锅时加入鸡精炒匀即可。

·营养贴士· 本道菜有消食导滞、滋补养身的功效。

左将军
鸡

主料 鸡腿 600 克，青尖椒、红尖椒各 15 克

辅料 生粉水 20 克，姜、蒜各 5 克，植物油 200 克（实用 50 克），酱油、醋各 10 克，鸡精 1 克，香油、料酒、淀粉各适量

·操作步骤·

① 鸡腿去骨后摊开，切浅斜刀纹后，再切成 2 厘米见方的块，加淀粉、酱油、料酒搅拌均匀；青尖椒、红尖椒去籽，切成片；蒜、姜切末。

② 锅中放植物油烧热，放入鸡块炸熟，捞出沥干。

③ 锅中留油 20 克烧热，放青尖椒、红尖椒炒，再放鸡块，加鸡精、酱油、醋、蒜末、姜末翻炒均匀，最后用生粉水勾芡，淋入香油即可。

·营养贴士· 本道菜有温中益气、补虚填精的功效。

·操作要领· 斩剁鸡块时大小要均匀，在浆制时要反复抓匀，使之挂匀浆糊为好，糊要适当稠一些。

麻辣**煸鸡胗**

主 料 鸡胗 500 克

辅 料 干辣椒 50 克，蒜、姜、香菜各少许，
精盐、味精、植物油各适量

·操作步骤·

① 鸡胗洗净切片；蒜、姜切末；香菜、干
辣椒切段。

② 锅内倒油烧热，放入蒜末、姜末、干辣
椒段炒香，加入鸡胗翻炒至熟，最后加
入精盐、味精调味，出锅前撒上香菜段
即可。

·营养贴士· 本道菜有消食导滞、滋补养身
的功效。

贵妃**鸡翅**

主 料 鸡翅 500 克，胡萝卜 50 克

辅 料 色拉油少许，冰糖、葱段、姜片、
生抽、老抽各适量

·操作步骤·

① 用清水洗净鸡翅，洗净后用刀在内面切
口，随后倒入适量老抽、生抽，放置 30
分钟。

② 将胡萝卜洗净，切成三角块备用。

③ 锅内倒油，烧至温热时，将鸡翅倒入锅
中煎，待鸡翅煎至金黄时，加入姜片、
葱段、冰糖、适量清水，用微火炖制 40
分钟出锅。

④ 盘中摆好胡萝卜块，两块一组，在上面
放上鸡翅即可。

·营养贴士· 本道菜有温中益气、强腰健胃
的功效。

麻辣**鸡肝**

主料 鸡肝 400 克

辅料 植物油、食盐、大蒜、剁椒酱、麻椒、生抽、白糖、葱花各适量

·操作步骤·

① 鸡肝洗净切厚片；大蒜一分为二。

② 锅中倒植物油，油烧热后放蒜、剁椒酱和麻椒炒出香味，放入鸡肝翻炒，加生抽、食盐和一点儿白糖调味，煸炒几下关火，放入葱花即可。

·营养贴士· 本道菜有补充维生素、补血养颜的功效。

·操作要领· 动物肝是体内最大的毒物中转站和解毒器官，所以买回的鲜肝不要急于烹调，应把肝放在自来水龙头下冲洗 10 分钟，然后放在水中浸泡 30 分钟。

鱼香鸡爪

主料 红辣椒3个，鸡爪300克

辅料 葱花、食用油、鱼香汁各适量

操作步骤

准备所需主材料。 ①

锅内放入食用油，油热后将鸡爪放入油锅内炸制，捞出控油。锅内留少许油备用。 ②

把炸好的鸡爪放入蒸锅，蒸透。 ③

将红辣椒切碎放入锅内，放入已经调制好的鱼香汁（以红辣椒段、食盐、酱油、白糖、醋、姜米、蒜米、葱粒等调制而成），再放入鸡爪翻炒片刻，最后撒上葱花即可。 ④

烹饪心得

营养贴士：本道菜有软化血管、美容养颜的功效。

操作要领：选购鸡爪时，要求鸡爪的肉皮色泽白亮并且富有光泽，无残留黄色硬皮；鸡爪质地紧密，富有弹性，表面微干或略显湿润且不黏手。

鱼香**鸡心肝**

主 料 鸡心、鸡肝各适量

辅 料 香葱3根，小红椒1个，生抽10克，白糖、鸡粉各3克，盐4克，桂皮粉10克，鱼露35克，水、植物油各适量，木耳少许

·操作步骤·

① 鸡心、鸡肝洗净切片，放入清水中浸泡片刻，然后沥干备用。

② 取空碗，加入生抽、桂皮粉、盐、水、白糖、鱼露、鸡粉兑成调味汁。

③ 木耳泡发；香葱切花；小红椒切段；锅置火上，倒油烧热，下葱花、红椒爆香，倒入鸡心、鸡肝、木耳翻炒。

④ 倒入调味汁，炒熟即成。

·营养贴士· 本道菜有健脾开胃、补血养身的功效。

·操作要领· 鸡肝、鸡心烹调时间不能太短，应该在急火中炒5分钟以上，使肝完全变成灰褐色，看不到血丝才好。

酱爆鸡丁

主料 鸡胸肉 300 克

辅料 甜面酱 20 克，干黄酱 15 克，蒜片 10 克，植物油、白糖、料酒、淀粉、香油各适量，青椒丝、红椒丝各少许

· 操作步骤 ·

① 将鸡胸肉去除白膜洗净，切丁，倒入料酒和淀粉搅匀。

② 甜面酱、干黄酱、白糖、清水倒入碗中，搅拌均匀成酱汁。

③ 锅中加入植物油，加热后下蒜片爆香，再倒入鸡丁翻炒两分钟，炒至鸡丁变色，倒入调好的酱汁，不断翻炒，使鸡丁全部裹满酱汁，最后撒入青椒丝、红椒丝，滴入香油即可。

· 营养贴士 · 本道菜有温中益气、健脾活血的功效。

鲜橙鸡丁

主料 鸡腿 500 克，香橙 1 个

辅料 淀粉 25 克，白糖 20 克，柠檬汁 10 克，姜末 5 克，食盐 3 克，植物油适量，胡椒粉、香油各少许

· 操作步骤 ·

① 鸡腿洗净，去骨、皮后切丁，用食盐、淀粉、胡椒粉抓匀，腌渍 15 分钟；橙子榨汁，加柠檬汁、白糖调成甜酸汁。

② 油锅烧热，滑入鸡肉，待鸡肉变色后捞出控油。

③ 锅中留底油，炒香姜末，倒入鸡肉丁翻炒 1 分钟，倒入甜酸汁烧开。

④ 待汤汁浓稠后，滴入香油炒匀即可。

· 营养贴士 · 本道菜有清肠通便、润肺化痰的功效。

宫保
鸡丁

主料 鸡胸肉 300 克，去皮熟花生米 50 克

辅料 鸡蛋清 15 克，小葱 30 克，干辣椒 20 克，白糖 10 克，精盐、花椒各 5 克，料酒、生抽各 5 克，生姜、蒜各 10 克，干淀粉 10 克，醋 10 克，味精、胡椒粉各 2 克，植物油适量

·操作步骤·

① 鸡胸肉切丁，加干淀粉、精盐、料酒、鸡蛋清、胡椒粉抓匀，腌渍 5 分钟；干辣椒切段；小葱切段；生姜切末；蒜切片；生抽、醋、白糖、味精、剩余的干淀粉、精盐加适量水调匀，制成料汁。

② 锅中放少许植物油，烧至四成热时，放入鸡丁滑散，炒至表面变白盛出。

③ 锅内留底油，放入花椒爆香，加葱段、姜末、蒜片和干辣椒炒出香味，放入鸡丁翻炒均匀，倒入调好的料汁，大火快速炒匀，最后放去皮熟花生米翻炒均匀即可。

·营养贴士· 本道菜有温中益气、滋补五脏的功效。

·操作要领· 这道菜全程要大火，煸炒鸡丁不能久，久了肉质会变老。

小炒脆骨

主 料 鸡脆骨 400 克，红尖椒 100 克

辅 料 植物油、葱、食盐、卤水各适量

·操作步骤·

① 鸡脆骨下卤水卤熟后切片；红尖椒洗净，切斜段；葱洗净切段。

② 锅内放入植物油烧热，先后加入红尖椒段、食盐、葱段，炒至九成熟后加入鸡脆骨片，翻炒均匀，加少许食盐调味即可。

·营养贴士· 本道菜有温中益气、强健身体的功效。

蒜黄炒鸡丝

主 料 蒜黄、鸡胸肉各适量

辅 料 植物油、葱花、盐、糖、酱油、料酒、水淀粉各适量

·操作步骤·

① 蒜黄洗净切段；鸡胸肉处理干净，切丝，加入料酒、盐、酱油、水淀粉腌渍 15 分钟。

② 锅中倒入植物油，油热后下鸡丝翻炒，五成熟时盛出。

③ 锅洗净，倒植物油，待油烧热，下葱花爆香，然后倒入蒜黄翻炒片刻，再倒入鸡丝，加糖、盐调味，炒熟即可。

·营养贴士· 本道菜有降低血脂、美容养颜的功效。

主料 烤鸡脯肉 250 克，绿豆芽 100 克

辅料 嫩姜、红椒各 30 克，生抽 10 克，
香醋 5 克，鸡精 3 克，食盐 2 克，
香油适量，花椒粒少许

·操作步骤·

① 烤鸡脯肉切成丝；绿豆芽掐去两头，洗
净；嫩姜、红椒洗净，切成丝。

② 锅中放入香油烧热，加入花椒粒炸出香
味后捞出，加入姜丝炒香，再加入鸡丝、
豆芽、红椒丝，烹入香醋、生抽、鸡精、

芽菜**炒鸡丝**

食盐快速翻炒均匀，至豆芽无生味时，
出锅入盘即可。

·营养贴士· 本道菜有易经补气、润肺利
咽的功效。

·操作要领· 豆芽的风味主要在于它脆嫩
的口感，煮炒得太过熟烂，
营养和风味会损失殆尽。

紫油姜**炒鸭**

主料 淮鸭 400 克，紫油姜 125 克

辅料 植物油、食盐、酱油、料酒、红椒、
香菜各适量

·操作步骤·

① 淮鸭斩成小块；紫油姜切片；红椒切小
段；香菜洗净切段配色用。

② 锅内放植物油，待油热后，放入淮鸭块，
加料酒煸炒，放入紫油姜片、红椒段、
食盐、酱油翻炒起锅，摆香菜配色即可。

·营养贴士· 本道菜有美容养颜、养胃生津
的功效。

姜糖**鸡脖**

主料 鸡脖 300 克

辅料 大枣 5 个，柠檬 1 片，姜片 20 克，
红糖 15 克，蒜片 10 克，白酒 8 克，
食盐 3 克，植物油适量

·操作步骤·

① 鸡脖处理干净放入锅中，加蒜片、一半
姜片、适量清水，中火煮 10 分钟，取出
稍晾凉，切段。

② 炒锅放植物油烧热，下入鸡脖小火煸至
微黄，放入红糖炒匀，加水没过鸡脖，
放入剩余姜片、大枣煮开后小火炖 15 分
钟，倒入白酒，挤少许柠檬汁，加入食
盐炒匀，出锅装盘，点缀柠檬片即可。

·营养贴士· 本道菜有温中补脾、美容养颜
的功效。

湘版**麻辣鸭**

主 料 鸭肉 400 克，红椒 100 克

辅 料 红油、姜片、蒜片、豆瓣酱、花椒
粉、茶油、食盐、白酒、蚝油、鸡
精各适量

·操作步骤·

① 鸭肉切块；红椒切圈。

② 坐锅下鸭块后炒干水分，盛出；洗锅烧
茶油，下鸭块爆炒，入白酒翻炒均匀后
盛出。

③ 锅里余油下红椒圈、姜片炒香，下豆瓣
酱，炒出汁后加鸭块一起不停地翻炒使

其入味，随后加入食盐、蒜片、红油、
花椒粉、鸡精、蚝油，拌炒匀入味后即
可出锅。

·营养贴士· 本道菜有养胃生津、强健身
体的功效。

·操作要领· 选购鸭肉时先观色，鸭的体
表光滑、呈乳白色、切开
后切面呈玫瑰色的，表明
是优质鸭。

脆椒**鸭丁**

主 料▷ 鸭胸肉 300 克，熟花生仁 50 克

辅 料▷ 干辣椒 50 克，剁椒 15 克，生抽 5 克，
食盐 3 克，姜、大蒜、植物油各适
量，鸡精少许

·操作步骤·

① 鸭胸肉洗净，切小丁；干辣椒切段；姜、
大蒜切末。

② 炒锅置火上，放植物油烧热，加入姜末、
蒜末、干辣椒段、熟花生仁炒出香味，
放入鸭胸肉翻炒 2 分钟，再加入剁椒翻
炒至鸭胸肉熟，放入生抽、食盐、鸡精
炒匀即可出锅。

·营养贴士· 本道菜有消暑解渴、帮助消化
的功效。

熟炒**烤鸭片**

主 料▷ 烤鸭肉 300 克，洋葱 50 克

辅 料▷ 青椒、红柿子椒各 50 克，蒜米 20 克，
精盐、味精、植物油各适量

·操作步骤·

① 用小刀把烤鸭肉片下来；青椒、红柿子
椒、洋葱洗净切片。

② 锅内放入植物油烧热，放入蒜米爆香，
然后把鸭肉、青椒、红柿子椒和洋葱一
起倒入锅中爆炒片刻，再加入精盐、味
精调味即可。

·营养贴士· 本道菜有滋养肺胃、健脾利水
的功效。

香辣
鸭丝

主　料▶ 熟板鸭肉 250 克

辅　料▶ 嫩姜 30 克，红椒、
剁椒各 20 克，生抽
5 克，白糖 3 克，
麻油 5 克，蒜末、
植物油各适量，花
椒粉少许

·操作步骤·

① 熟板鸭肉切成长 6 厘米、粗
0.5 厘米的丝；嫩姜刮洗干
净，切丝；红椒洗净，切
成长细丝；剁椒剁细成末。

② 炒锅置于火上，放入植物油
烧至四成热，下入剁椒、
蒜末炒出香味，放入花椒
粉、鸭丝、嫩姜丝、白糖、
麻油、生抽，迅速翻炒均匀，
出锅前加入红椒丝，翻炒
均匀后起锅装盘即可。

·营养贴士· 本道菜有滋补养阴、养胃生津的功效。

·操作要领· 板鸭肉本身就是熟的，所以炒制时间
不用太久。

麻辣鸭血

主料 鸭血块 350 克，韭菜 100 克

辅料 干辣椒段、花椒、食用油、食盐、味精各适量

准备好所需主材料。

把鸭血切成片。

将韭菜择洗干净后切成小段备用。

锅内放入食用油，油热后放入干辣椒、花椒爆香，再放入鸭血、韭菜翻炒至熟，放入食盐、味精调味即可。

操作步骤

烹饪心得

营养贴士：本道菜有补血解毒、补维生素的功效。

操作要领：把鸭血切成薄薄的片，放清水里面煮。如果有鸭蛋蛋黄味和香味就是纯鸭血，如果没有香味或者是有其他味的，那就不是。

火爆**鸭肠**

主料 鸭肠 300 克，红椒、青椒各 100 克

辅料 猪油 50 克，葱 20 克，蒜 15 克，姜 10 克，料酒 3 克，胡椒粉、食盐各 3 克，鸡精 1 克，芹菜适量

·操作步骤·

① 鸭肠洗净切段；红椒、青椒切丝；蒜切片，葱切段，姜切片；芹菜切段。

② 锅置火上，烧水至沸，放入鸭肠汆泡一下捞出。

③ 锅内放猪油烧至七成热，放入鸭肠爆炒至卷曲收缩时，沥去余油，放入料酒、姜片、蒜片、葱段、红椒、青椒、芹菜翻炒，加鸡精、食盐、胡椒粉调味，起锅盛入盘中即成。

·营养贴士· 本道菜有养胃生津、强健身体的功效。

·操作要领· 煮鸭肠的时间不宜太长，断生即可，以免肉质过老，影响口感。

双椒鸭掌

主料 鸭掌 300 克

辅料 料酒 15 克，植物油 30 克，青椒、红椒、淀粉、盐、蒜各适量

·操作步骤·

① 鸭掌加料酒氽烫后捞出洗净；青椒、红椒洗净切粒；蒜剥皮切碎。

② 热油（植物油），加入青椒、红椒、鸭掌、蒜、盐炒匀，再用淀粉勾芡，加水略煮即成。

·营养贴士· 本道菜有平衡膳食、美容养颜的功效。

泡椒炒鸭胗

主料 鸭胗 250 克，干木耳 10 克，青椒、香芹各 50 克

辅料 红泡椒 30 克，淀粉 15 克，姜片 10 克，食盐 3 克，料酒、生抽、植物油各适量，鸡精少许

·操作步骤·

① 鸭胗洗净切片，用料酒、少量的食盐拌匀，腌渍 20 分钟，加淀粉拌匀。

② 干木耳泡发洗净，撕成小朵；青椒洗净，切条；香芹洗净，切段；红泡椒切段。

③ 炒锅中放入植物油烧热，下红泡椒、姜片炒香，加入鸭胗，翻炒至变色，下入青椒、木耳、香芹炒匀，调入食盐、生抽、鸡精，翻炒至熟即可。

·营养贴士· 本道菜有健脾开胃、美容养颜的功效。

麻辣**鸭肠**

主 料▷ 鸭肠 500 克，豆芽 150 克

辅 料▷ 葱、姜、蒜各少许，花椒、酱油、辣椒酱、湿淀粉、清汤、料酒、醋、胡椒粉、精盐、植物油、香菜段各适量

· 操作步骤 ·

① 将鸭肠洗净后用开水把鸭肠迅速烫透，捞出散开晾凉，再切成 5 厘米长的段；葱剖开切 2 厘米长的段；姜、蒜切片；豆芽洗净，用热水焯一下，放在盘底。

② 用酱油、湿淀粉、料酒、醋、胡椒粉和清汤兑成汁。

③ 锅烧热注入植物油，先把花椒炸香后捞出，再下入辣椒酱，然后下鸭肠、葱段、姜片、蒜片翻炒，将兑好的汁倒入，待汁烧开时，放入精盐再翻炒几下，撒上香菜段，盛出放在豆芽上即可。

· 营养贴士 · 本道菜有补维生素、促进消化的功效。

· 操作要领 · 清洗鸭肠一定要先翻洗内侧，这样才能清洗干净。

辣豆豉鸭头

主料 鸭头500克

辅料 卤水700克，小米椒30克，酱油、
料酒各10克，豆豉酱、香辣酱各
25克，姜片、葱段各15克，花椒
粉5克，植物油适量，花生米碎、
香油各少许

·操作步骤·

① 鲜鸭头洗净，控干水分，切成两半，用
料酒、姜片、葱段腌约15分钟，用卤水
小火卤30分钟；小米椒洗净，切粒。

② 炒锅上火，放入植物油烧至七成热，入
豆豉酱、香辣酱、花椒粉、小米椒炒出
香味。

③ 倒入鸭头翻炒2分钟，加入酱油调味，撒
花生米碎翻匀，淋上香油，起锅装盘即可。

·营养贴士· 本道菜有增强食欲、促进吸收
的功效。

辣炒乳鸽

主料 乳鸽1只，香菜1棵

辅料 干红辣椒30克，葱花、姜片、酱油、
食用油、食盐、味精各适量

·操作步骤·

① 准备所需主材料。

② 将乳鸽切成适口小块。

③ 将乳鸽块放入沸水锅内焯制一下。

④ 将香菜切成段。

⑤ 锅内放入食用油，油热后放入干红辣椒
段、葱花、姜片爆香，然后放入乳鸽块、
酱油翻炒，至熟后放入食盐、味精调味，
出锅前放入香菜即可。

·营养贴士· 本道菜有美容养颜、健脑补神
的功效。

非常
辣鸭肠

主料 鸭肠 500 克，土豆 100 克

辅料 红油辣椒酱、酱油、湿淀粉、料酒、姜、蒜、葱、食盐、醋、胡椒粉、植物油、花椒各适量，香芹少许

·操作步骤·

① 将鸭肠清洗干净，用旺火烧开水，把鸭肠迅速烫透，捞出散开晾凉，再切成长段。

② 香芹切成段，然后用热水焯熟备用；葱、姜、蒜切末备用；土豆切条，入热油炸至金黄色捞出备用。

③ 用酱油、湿淀粉、料酒、醋、食盐、胡椒粉兑成调味汁。

④ 锅中加植物油烧热，放花椒炸煳后捞出弃掉，然后下鸭肠、土豆条翻炒，用葱、姜、蒜、红油辣椒酱调味，并将兑好的调味汁倒入。

⑤ 炒熟后，将鸭肠和土豆条装盘，用香芹点缀即成。

·营养贴士· 本道菜有养胃生津、强健身体的功效。

·操作要领· 选购鸭肠时以呈乳白色、黏液多、异味较轻、具有韧性、不带粪便及污物的鸭肠为佳。

酱爆**鹅脯**

主 料▷ 鹅脯肉 200 克，鲜香菇 2 朵，小油菜 80 克

辅 料☞ 蛋清 25 克，淀粉 20 克，青、红椒片各 30 克，白糖 5 克，料酒、酱油各 10 克，葱花、姜丝各 10 克，食盐 3 克，植物油适量，鸡精少许

·**操作步骤**·

① 鹅脯肉洗净，切成片，加适量食盐、蛋清、淀粉拌匀，腌渍 10 分钟。

② 鲜香菇洗净，切片；小油菜洗好，放入加有食盐的沸水中焯熟，垫在盘底。

③ 炒锅放入植物油，油热放入葱花、姜丝炒香，下酱油、白糖炒至红亮，再倒入鹅脯肉、鲜香菇炒熟，加入料酒、食盐、鸡精、青椒片、红椒片略炒，出锅盛在小油菜上即可。

·**营养贴士**· 本道菜有益气补虚、和胃止渴的功效。

剁椒**炒鹅胗**

主 料▷ 鹅胗 250 克，干木耳 20 克

辅 料☞ 红椒 50 克，剁椒 30 克，姜丝、葱花各 10 克，料酒、生抽、食盐、植物油、醋、生粉各适量，鸡精少许

·**操作步骤**·

① 鹅胗洗净，切片；红椒洗净，切片；干木耳泡发，撕小朵。

② 鹅胗用料酒、生粉、醋腌渍 15 分钟备用。

③ 热锅倒入植物油烧至六成热，加入腌好的鹅胗翻炒，炒至鹅胗变色，连汤和鹅胗一起盛出。

④ 锅洗净后再倒少许植物油，加入姜丝、葱花、红椒片、剁椒炒出香味，倒入鹅胗、木耳，调入生抽、食盐、鸡精翻炒至熟即可。

·**营养贴士**· 本道菜有益气补虚、和胃止渴的功效。

鲜美水产类小炒

妙炒花蟹

主料 花蟹 300 克

辅料 精盐 5 克，青杭椒、葱花、姜末、酱油、料酒、菜油各适量

·操作步骤·

① 花蟹清洗干净，去掉背面的蟹脐，掀开盖子，把腮也去掉，切成两半。

② 坐锅，放菜油，放入葱花、姜末、青杭椒（切段）爆香，倒入切好的花蟹，翻炒至变色，然后加入酱油、料酒、精盐翻炒，把火关小收汁即可。

·营养贴士· 本道菜有排毒养颜、钙铁双补的功效。

剁椒虾仁炒蛋

主料 虾仁 100 克，鸡蛋 3 个

辅料 葱花、剁椒、胡椒粉、料酒、香油、精盐、食用油、鸡精、生粉各适量

·操作步骤·

① 虾仁洗净去虾线，切碎，加精盐、胡椒粉、鸡精、生粉、料酒腌 10 分钟。

② 鸡蛋打散，倒入少量料酒，再倒入虾肉，滴几滴香油和水，搅拌均匀备用。

③ 锅放火上，倒入食用油，放入葱花、剁椒炒香，再倒入蛋液，快速翻炒，调入少量精盐即可。

·营养贴士· 本道菜有增强体质、促进代谢的功效。

主料 小龙虾 500 克

辅料 清汤 200 克，蒜瓣 50 克，姜、大
葱各 20 克，麻油 5 克，食盐 5 克，
鸡精 3 克，干辣椒段、植物油各适量，
香葱花、胡椒粉各少许

·操作步骤·

① 小龙虾处理干净，去掉头盖骨；蒜瓣拍松；
姜切片；大葱切段。

② 锅中放植物油烧至六成热时，放入小龙
虾炸一下，捞出控油。

③ 锅内留适量底油，下入姜片、蒜瓣、干
辣椒段炒出香味，下入小龙虾翻炒 1 分
钟，再注入清汤，以中火煮 10 分钟后，

口味**小龙虾**

调入食盐、鸡精、葱段煮透，撒上香葱花、
胡椒粉，淋入麻油，炒匀即可。

·营养贴士· 本道菜有补充锌碘、养胃健
脾的功效。

·操作要领· 在处理虾的时候，开背（用
刀将虾背切开一定深度，
将一条黑色的线去除）不
仅可以去除虾线，还能使
虾肉更加入味。

豉椒沙丁鱼

主 料▶ 沙丁鱼 250 克

辅 料▶ 豆豉 25 克，红辣椒粉 20 克，辣椒酱 10 克，食用油、食盐、
淀粉、味精、料酒、胡椒粉各适量

操作
步骤

准备所需主材料。

将沙丁鱼收拾干净，用食盐、味精、料酒、
胡椒粉腌渍，然后整齐地摆放在盘中。

把鱼身裹上淀粉，放入油锅内煎炸，至
熟后捞出控油。

锅内留少许油，放入辣椒酱和豆豉煸香，
加入少许的水，放入炸好的鱼和辣椒粉，
炖煮一会儿，待鱼身裹满汤汁时即可出
锅。

营养贴士：本道菜有活化脑部、提高记忆的功效。

操作要领：去沙丁鱼鱼头的方法——以胸鳍为点，刀口与鱼体呈垂直方向垂直下切去头。

酱爆**墨鱼仔**

主料 墨鱼仔适量，青椒、红椒各 1 个

辅料 植物油、XO 酱、蒜、姜、盐、海鲜调味料各适量

·操作步骤·

① 墨鱼仔洗净，放入开水中焯一下；青椒、红椒洗净切片；蒜剥皮切末；姜切丝。

② 锅置火上，倒入植物油，油热后下入蒜末、姜丝爆香，然后加入 XO 酱翻炒。

③ 倒入墨鱼仔、青椒、红椒，加盐、海鲜调味料调味即可。

·营养贴士· 本道菜有滋阴壮阳、补脾益肾的功效。

无锡**脆鳝**

主料 鳝鱼 500 克

辅料 香油、白砂糖、酱油、姜、料酒、粗盐、小葱、大豆油各适量，红辣椒少许

·操作步骤·

① 红辣椒洗净切丝；姜洗净切丝；小葱洗净切花；鳝鱼处理干净后，放入开水中焯一下。

② 锅中倒油，八成热时下入鳝鱼，煎炸约 3 分钟用漏勺捞出；待油温再次达到八成热时，再次下入鳝鱼，直至炸脆。

③ 取净锅，倒油烧热，下入葱、姜爆香，加入白砂糖、酱油、姜、料酒，倒入炸好的鳝鱼，加粗盐调味，淋上香油，出锅装盘，搭配上姜丝、葱花、辣椒丝即可。

·营养贴士· 本道菜有养护视力、滋阴养颜的功效。

巴蜀
香辣虾

主料 活对虾500克，西芹200克

辅料 大葱、生姜、大蒜、干辣椒、八角、桂皮、草果、白蔻、花椒、熟芝麻、花生、植物油、海天虾酱、味精、鸡精、四川郫县豆瓣各适量

·操作步骤·

① 虾处理干净，去头留壳，在背上切一刀，用油炸熟待用。

② 大蒜一半切片、一半切成末；生姜切末；西芹、大葱、干辣椒洗净切段。

③ 锅倒油烧热，放入八角、桂皮、草果、白蔻、花椒炒香后捞出，再下入豆瓣、葱、姜、蒜、干辣椒，依次下炸熟的虾、西芹来回翻炒。

④ 待炒熟，下虾酱，然后下少许味精、鸡精、花生、熟芝麻继续翻炒至虾身卷曲，颜色变成橙红色时，即可出锅。

·营养贴士· 本道菜有钙锌双补、调节血压的功效。

·操作要领· 因为虾和其他材料都是事先经过处理的，所以炒制时间不要太长。

辣椒**炒黄鳝**

主料 ▶ 黄鳝 2 条，青椒 30 克，红椒 10 克

辅料 ▶ 姜末、蒜末、生抽、料酒、鸡精、
胡椒粉、植物油、精盐各适量

·操作步骤·

① 将黄鳝去骨洗净，切段，焯水；青椒洗
净切片；红椒洗净切圈。

② 锅中热油（植物油），下入姜末、蒜末
和红椒爆香，然后下黄鳝翻炒，再放入
青椒、料酒翻炒至辣椒变色，最后放入
精盐、生抽、胡椒粉、鸡精调味即可。

·营养贴士· 本道菜有补气益血、强筋去风
的功效。

青椒**炒鳝丝**

主料 ▶ 净鳝鱼肉 300 克，青椒、红椒各 80
克

辅料 ▶ 生抽 10 克，食盐 5 克，鸡精 3 克，
植物油、玉米粉、料酒各适量，胡
椒粉少许

·操作步骤·

① 净鳝鱼肉切成 5 厘米长的细丝，用食盐、
料酒、玉米粉浆上；青椒、红椒去蒂、籽，
洗净后切成细丝。

② 炒锅上火放植物油，烧至六成热时下青
椒、红椒丝炒香，放入鳝鱼丝炒匀，放
生抽、胡椒粉、食盐、鸡精炒熟即可出锅。

·营养贴士· 本道菜有清热解毒、凉血止痛
的功效。

干煸鳝丝

主料▸ 鲜活黄鳝 500 克，青笋 50 克

辅料▸ 花椒面、辣椒面各 5 克，料酒 15 克，
姜末、蒜末各 10 克，精盐 3 克，
醋 5 克，酱油、麻油各 10 克，郫
县豆瓣酱、植物油各适量

·操作步骤·

① 将黄鳝剖腹去骨，斩去头尾，切段；郫
县豆瓣酱剁细；青笋去皮洗净，切细长条。

② 锅中置植物油烧热，下鳝鱼煸干，烹入
料酒，转中火略焙约 4 分钟，转大火煸
炒，并下豆瓣酱煸至油呈红色，下姜末、
蒜末炒匀，加精盐、酱油、青笋条、辣
椒面稍炒，淋少许醋和麻油炒匀，最后
起锅装盘，撒上花椒面拌匀即成。

·营养贴士· 本道菜有清热解毒、凉血止
痛的功效。

·操作要领· 炒制鳝鱼的时候加上料酒既
可以去腥也能更好地入味。

香辣银鱼干

主 料 银鱼干 200 克

辅 料 蒜 3 瓣，料酒、食用油各 15 克，盐、
鸡精、生姜、大葱各少许，辣椒酱
适量

·操作步骤·

① 银鱼干洗净，放入水中浸泡片刻；生姜、
蒜切成末；大葱切花。

② 锅中倒入食用油，油热后倒入银鱼煸炒，
炒至金黄时加料酒拌匀，然后捞出备用。

③ 取净锅倒油，油热后下入姜、蒜、葱花、
辣椒酱爆香，倒入银鱼翻炒，最后加盐、
鸡精调味即可。

·营养贴士· 本道菜有补脾健胃、促进消化
的功效。

肉末海参

主 料 水发海参 500 克，猪肉 60 克

辅 料 盐、味精、鸡粉、胡椒粉、食用油、
生抽、淀粉（豌豆）、葱花、姜末、
香油、上汤各适量

·操作步骤·

① 发好的海参置清水中，撕去腹内黑膜，
片大片，余烫捞出；猪肉洗净切末。

② 起锅倒入食用油，倒入肉末煸炒，变色
后加入姜末、生抽再炒，倒入少许上汤、
胡椒粉、味精、鸡粉、盐调味，最后倒
入海参，以小火焖煮。

③ 煮熟后用淀粉勾芡，加入葱花、香油炒
匀即可。

·营养贴士· 本道菜有延缓衰老、消除疲劳
的功效。

西红柿**炒带鱼**

主 料 带鱼 300 克，西红柿适量

辅 料 鸡蛋、葱花、陈醋、生粉、姜末、
料酒、白糖、精盐、植物油、酱油
各适量

·操作步骤·

① 将带鱼洗净切成段，用料酒、精盐、植
物油、酱油、姜末腌渍 15 分钟；西红柿
洗净切块待用。

② 将腌好的带鱼取出，打入鸡蛋，搅拌均匀。

③ 锅里放油，烧至六成热时，将带鱼每块

沾上生粉，然后放入锅中炸成金黄色，
装盘。

④ 锅中留底油，放入西红柿和料酒、白糖、
精盐、酱油、陈醋，炒成酱泥，然后下带鱼，
大火迅速翻炒 3 分钟起锅，撒上葱花即
可。

·营养贴士· 本道菜有补脾养肝、润肤健
美的功效。

·操作要领· 好带鱼鱼体饱满匀称，体形
完整，鱼体坚硬不弯，肉
厚实。

炒**螃蟹**

主 料▷ 螃蟹 500 克

辅 料◁ 料酒、醋各 15 克，盐、姜各 5 克，
味精、胡椒粉各 2 克，大葱少许，
植物油、白砂糖各适量

·操作步骤·

① 螃蟹处理好后，斩成块，加盐、胡椒粉
　拌匀。

② 大葱洗净切花；姜切末。

③ 锅中倒入植物油，七成热时倒入螃蟹翻
　炒，待螃蟹呈红黄色时，下葱、姜翻炒，
　加料酒、白砂糖、醋调味，最后加味精
　炒匀即可。

·营养贴士· 本道菜有舒筋益气、理胃消食的
功效。

姜炒 **蛤蜊**

主 料▷ 鲜蛤蜊 400 克

辅 料◁ 姜 15 克，植物油 20 克，蒜末 10 克，
白糖、味精各 5 克，胡椒粉 7 克，
香油 7 克，香菜 5 克，盐少许，料酒、
白醋各适量

·操作步骤·

① 将蛤蜊洗净，放入沸水中煮至开口，即
　刻捞出，再用原汤冲洗备用；姜切菱形
　片；香菜切段。

② 坐锅烧热，加植物油，先用姜、蒜炝锅，
　然后烹入料酒、白醋，加入白糖、胡椒粉、
　味精，再下入蛤蜊快速翻炒，放少许盐，
　淋入香油，出锅撒上香菜即可。

·营养贴士· 本道菜有健肾益智、补中益气
的功效。

香辣田螺

主 料 鲜田螺 400 克

辅 料 姜 15 克，植物油 20 克，蒜末 10 克，辣酱、料酒、酱油、白醋、白糖、胡椒粉、香油、精盐各适量

·操作步骤·

① 将鲜田螺放在盆里用清水泡养 3 天，每天换水 2~3 次，最后把田螺刷洗净，剁去螺蒂；姜切末。

② 锅上火烧热，倒入植物油，倒入田螺，然后将精盐用清水搅匀，淋入锅内炒匀，加盖焖约 3 分钟，盛出。

③ 锅洗净倒入植物油，先用姜、蒜炝锅，再下辣酱煸炒，然后烹入料酒、白醋，加入酱油、白糖、胡椒粉，再下入田螺快速翻炒，淋入香油即可。

·营养贴士· 本道菜有防治脚气、祛火凉血的功效。

·操作要领· 选购田螺时，可以拿两个螺对敲一下，听听声音，好的螺听起来声音比较紧实，不好的螺听起来空空的。

海虹炒鸡蛋

主 料▶ 海虹肉 100 克，鸡蛋 3 个

辅 料▶ 葱段 5 克，食盐、植物油各适量

·操作步骤·

① 锅中添水，倒入海虹肉煮，煮熟捞出。

② 将打好的鸡蛋倒入碗中，加入煮好的海虹肉、葱段、食盐搅匀。

③ 锅中热油，油热后倒入鸡蛋液，略炒即成。

·营养贴士· 本道菜有补肾益精、调肝养血的功效。

炒黑鱼片

主 料▶ 黑鱼肉 400 克，丝瓜 100 克

辅 料▶ 鸡蛋清、猪油、绍酒、胡椒粉、辣椒粉、精盐、味精、蒜片、水淀粉各适量

·操作步骤·

① 将黑鱼肉片成薄片，装碗内，加入鸡蛋清、少许精盐、胡椒粉腌渍调味，然后上蛋清浆，下入四成热猪油中滑散滑透，倒入漏勺；丝瓜去皮、切片。

② 用小碗加入精盐、味精、辣椒粉、水淀粉调制成芡汁备用。

③ 炒锅烧热，加少许猪油，用蒜片炝锅，放入丝瓜片煸炒，烹绍酒，入鱼片、勾兑好的芡汁，翻炒均匀，出锅装盘即可。

·营养贴士· 本道菜有补心养阴、补血益气的功效。

香菇熘鱼片

主料 红鱼片 300 克，香菇 100 克，竹笋适量

辅料 胡椒粉、料酒、精盐、味精、蒜粉、姜粉、生粉、葱、姜、蒜、植物油、香油各适量

·操作步骤·

① 将红鱼片与胡椒粉、料酒、精盐、味精、蒜粉、姜粉、生粉搅拌在一起上浆，腌渍 10 分钟；香菇洗净切片，过水；竹笋洗净切块，焯熟；葱切花；姜、蒜切末。

② 锅中放油，烧至四成热时，下入腌好的鱼片滑熟，捞出控油。

③ 锅中放油烧热，入葱花、姜末、蒜末爆出香味，把香菇、竹笋放进锅里翻炒均匀，然后把红鱼片加进去，快速翻炒，再加精盐，勾薄芡，淋上香油即可出锅。

·营养贴士· 本道菜有延缓衰老、抗癌防癌的功效。

·操作要领· 红鱼片提前腌渍上浆，是为了更好地入味。

105

双耳炒海参

主 料 海参 200 克，干木耳、银耳各 20 克

辅 料 香醋、酱油各 10 克，食盐 5 克，鸡精 3 克，葱段、姜片、植物油各适量

·操作步骤·

① 海参处理干净，用清水多洗几遍，用高压锅煮 10 分钟，捞出泡在清水中；干木耳、银耳泡发，洗净后撕成小朵。

② 炒锅中置油烧热，爆香葱段、姜片，将海参、木耳、银耳一起下锅翻炒 3 分钟，调入香醋、酱油、食盐，翻炒至主料熟后调入鸡精，即可出锅。

·营养贴士· 本道菜有理气补虚、营养保健的功效。

油爆乌鱼花

主 料 乌鱼 1 条，胡萝卜、木耳各适量

辅 料 葱、姜、蒜、料酒、盐、醋、老抽、植物油各适量

·操作步骤·

① 乌鱼处理干净后，切花入热水汆烫后沥干；胡萝卜切片；木耳泡发后撕小朵；葱切段；姜、蒜切末。

② 锅倒油烧热，放入葱、姜、蒜爆锅，然后放入料酒、盐、醋、老抽和少许清水烧开。

③ 放入乌鱼花翻炒一会儿之后，放入胡萝卜和木耳一起翻炒至入味即可。

·营养贴士· 本道菜有补益精血、强身健体的功效。

熘双色
鱼丝

主 料▶ 净鳜鱼肉 200 克,
胡萝卜、莴笋各 50
克

辅 料▶ 鸡蛋 1 个,料酒、高
汤各 30 克,姜丝、
葱丝各 10 克,食盐
5 克,鸡精、胡椒
粉各 3 克,植物油、
淀粉各适量

·操作步骤·

① 鳜鱼肉洗净,去皮,切
成丝,用适量食盐、一
半料酒、胡椒粉腌渍 30
分钟。

② 胡萝卜、莴笋分别去皮,
切成丝。

③ 鸡蛋取蛋清,与淀粉调
成糊后和鱼丝放一起抓
匀;用小碗盛剩余食盐、
适量料酒、鸡精、高汤
调成汁。

④ 炒锅放油烧至三成热,放
入鱼丝,用筷子轻轻滑
散,倒入漏勺内。

⑤ 锅留底油,将姜丝、葱丝
炒出香味,倒入三丝,
烹入调味汁,迅速翻炒
均匀,起锅装盘即成。

·营养贴士· 本道菜有预防肥胖、美容抗老的功效。

·操作要领· 将鳜鱼去鳞剖腹洗净后,放入盆中倒一
些黄酒,就能除去鱼的腥味,并能使鱼
滋味鲜美。

胡萝卜炒海参

主料 海参（水浸）600克，猪肥瘦肉75克，胡萝卜150克

辅料 盐、味精、鸡粉各3克，胡椒粉2克，姜5克，香菜、葱各10克，香油、生抽、葱油、高汤各适量

·操作步骤·

① 海参去泥沙，洗净，然后用开水氽透，控干水分；猪肥瘦肉切成丁；胡萝卜洗净，切丁，氽熟；香菜切段；葱、姜均切末。

② 锅内放葱油，将猪肉煸炒至变色，加葱末、姜末和生抽炒匀，然后加少许高汤、胡椒粉、味精、鸡粉、葱油调味，倒入海参，用慢火煨透，最后加入胡萝卜，加少量盐、香油及香菜段炒熟出锅。

·营养贴士· 本道菜有延缓衰老、增强体质的功效。

辣炒海螺肉

主料 鲜海螺肉300克，红辣椒200克

辅料 葱末、姜末、蒜末、精盐、味精、酱油、料酒、蚝油、植物油各适量

·操作步骤·

① 海螺肉洗净切片；红辣椒洗净切片。

② 锅中放植物油烧热，用葱末、姜末、蒜末炝锅，倒入蚝油，放入红辣椒煸炒，然后放海螺肉煸炒，依次放料酒、精盐、酱油煸炒，最后放味精炒匀，出锅即可。

·营养贴士· 本道菜有祛热解暑、降火排毒的功效。

酸辣鱿鱼片

主 料▶ 鱿鱼片 300 克，酸菜 80 克，肉馅、
　　　酸笋各 50 克

辅 料▶ 蒜末、姜末、葱花各 15 克，料酒
　　　10 克，姜汁 20 克，酱油 5 克，食
　　　盐 5 克，鸡精 2 克，干辣椒段、植
　　　物油各适量，香油、清汤各少许

·操作步骤·

① 鱿鱼片洗净，用料酒、姜汁、食盐腌渍
　片刻，放入沸水中快速氽过，倒入漏勺
　内沥干水分。

② 酸菜用清水漂洗 1 遍，切成小段；酸笋

切成小丁。

③ 炒锅中加入植物油，六成热时下入蒜末、
　姜末、葱花、干红椒段炒出香味，再加
　入肉馅、酸笋、酸菜，翻炒均匀。

④ 加入食盐、鸡精、酱油、清汤、鱿鱼烧入味，
　出锅前放香油即可。

·营养贴士· 本道菜有增强体质、补充元
　　　素的功效。

·操作要领· 如果觉得酸菜的酸味不够，
　　　可滴几滴白醋。

酸菜**鱼条**

主 料 净鱼肉 300 克，酸菜 100 克

辅 料 鸡蛋黄 50 克，淀粉 30 克，料酒、
生抽各 5 克，白糖 3 克，食盐 5 克，
鸡精 3 克，葱段、姜丝、植物油、葱
油各适量

·操作步骤·

① 将鱼肉洗净，切成长 4 厘米、粗 1 厘米
的长条；酸菜洗净，挤干水分，切段；
鸡蛋黄、淀粉调成蛋黄糊，待用。

② 炒锅内放入植物油，中火烧至八成热时，
将鱼条沾匀蛋黄糊入油中炸熟，至呈金
黄色捞出，控油。

③ 锅中放葱油，烧热后下入葱段、姜丝爆香，
下入酸菜、炸好的鱼条翻炒片刻，加入
少许清水以及生抽、料酒、白糖、食盐、
鸡精，翻炒均匀，待汤汁收干即可盛出。

·营养贴士· 本道菜有滋阴养胃、补虚润肤
的功效。

椒香**鱼**

主 料 鲤鱼 1 条，红椒适量

辅 料 姜丝、蒜末、葱末、葱花、白糖、
老抽、黄酒、生抽、花椒水、鸡精、
醋、精盐、植物油各适量

·操作步骤·

① 将鲤鱼去鳞、去内脏、去头、去尾，洗
净后切块；红椒去籽切丝。

② 锅中置油烧热，放姜丝、蒜末、葱末炒香，
然后放入鱼块，加黄酒、生抽、花椒水
翻炒，再加入醋、精盐、白糖和老抽，
最后加入红椒、鸡精、葱花炒匀即可。

·营养贴士· 本道菜有除湿止泻、补脾暖胃
的功效。

锅巴牛蛙

主料 牛蛙5只，锅巴适量

辅料 白糖少许、葱末、姜末、干辣椒段、
料酒、精盐、酱油、鸡精、植物油、
花椒各适量

·操作步骤·

① 将牛蛙去头、去皮、去内脏，清洗干净，
捞出，剁成块；锅巴掰成小块，备用。

② 炒锅中倒植物油烧热，下入葱末、姜末、
干辣椒段、花椒爆香，再倒入牛蛙，倒
入料酒翻炒。

③ 加少许酱油上色，倒入少许水焖煮一下，
加入精盐、白糖、鸡精调味。

④ 倒入锅巴炒匀，即可出锅装盘。

·营养贴士· 本道菜有温补脾胃、降血败
火的功效。

·操作要领· 锅巴制作方法：将米饭平摊
在烤盘中，放入阳光下晾
晒成小块，放入油锅中炸
至金黄色后捞出。

泡椒墨鱼仔

主料▶ 墨鱼仔350克，
辣椒、泡椒、
芹菜、黑木耳
各适量

辅料▶ 料酒、食用油、
食盐、味精各
适量

操作步骤

准备所需主材料。①

把墨鱼仔在清水中浸泡半日，再用食盐揉搓，将内壁附着物去掉。②

把芹菜、辣椒、泡椒切段后备用；锅内放入适量水，水开后，把芹菜段、黑木耳放入沸水中焯一下。③

锅内放入食用油，油热后放入辣椒、泡椒爆香，然后放入墨鱼仔、芹菜、黑木耳、料酒翻炒，至熟后放入食盐、味精调味即可。④

营养贴士： 本道菜有滋补体质、补充蛋白的功效。

操作要领： 墨鱼体内含有许多墨汁，不易洗净，可先撕去表皮，拉掉灰骨，将墨鱼放在装有水的盆中，在水中拉出内脏，再在水中挖掉墨鱼的眼珠，使其流尽墨汁，然后多换几次清水将内外洗净即可。

青椒
火焙鱼

主 料 火焙鱼 300 克，青辣椒 150 克

辅 料 熟猪油、精盐、鸡精、酱油各适量

·操作步骤·

① 火焙鱼洗净；青辣椒洗净切丝。

② 锅中放熟猪油烧热，炸一下火焙鱼，然后把青辣椒倒入锅中上下翻炒，加精盐、鸡精、酱油炒匀即可。

·营养贴士· 本道菜有健身补虚、益智补脑的功效。

·操作要领· 火培鱼是指将小鱼去掉内脏，用锅子在火上焙干，冷却后，以谷壳、花生壳、橘子皮、木屑等熏烘而成的鱼。

113

肉末烩鱿鱼

主料 鱿鱼、猪肉各150克，香菇、雪梨
各50克

辅料 高汤200克，葱花10克，淀粉8克，
食盐5克，鸡精3克，植物油适量，
白胡椒粉、香油各少许

·操作步骤·

① 鱿鱼、猪肉洗净，切小丁；香菇泡发洗净；
雪梨洗净，去果核，全部切成小丁。

② 锅中置油烧热，加入葱花炒出香味，下
入肉丁炒至变色，放入剩余主料、高汤，
大火煮开，转中火煮2分钟。

③ 再放入食盐、鸡精调味，以淀粉勾薄芡，
待汤汁浓稠加入香油、白胡椒粉，翻炒
均匀即可。

·营养贴士· 本道菜有止咳生津、清心润喉
的功效。

豆豉小银鱼

主料 银鱼干300克

辅料 豆豉、蒜、酱油、精盐、白糖、蚝油、
料酒、植物油各适量，朝天椒少许

·操作步骤·

① 银鱼干用清水浸泡15分钟，冲洗干净沥
干水分；朝天椒切丝；蒜剁成茸。

② 锅中热油，放入蒜茸和朝天椒炝锅，然
后倒入银鱼干翻炒，加酱油、精盐、白
糖调味，待银鱼干发白变软，加豆豉翻
炒均匀，最后加蚝油、料酒翻炒均匀即可。

·营养贴士· 本道菜有润肺止咳、善补脾胃
的功效。

酸辣乌江鱼条

主 料▶ 乌江鱼肉 300 克，泡辣椒 80 克

辅 料▶ 淀粉 50 克，食盐 5 克，白糖、料酒、米酒、姜丝、植物油各适量，白胡椒粉、香菜叶、红椒各少许

·操作步骤·

① 乌江鱼肉洗净切条，用厨房纸巾吸干水分，用料酒、适量食盐、白糖、白胡椒粉抓匀，腌渍 15 分钟，裹上淀粉。

② 泡辣椒切段；红椒洗净切段。

③ 锅中置油烧热，下入鱼条滑散，盛出控油。

④ 锅中留少许底油，油热后炒香姜丝，加入鱼条、腌鱼的料汁翻炒均匀，加入米酒、泡辣椒、红椒、少许食盐，翻炒至入味，出锅装盘，点缀香菜叶即可。

·营养贴士· 本道菜有滋阴养血、补气开胃的功效。

·操作要领· 腌渍乌江鱼时加入料酒不仅可入味还可去腥。

老干妈**黄颡鱼**

主　料▷ 黄颡鱼 1 条（约 300 克）

辅　料▷ 豆豉酱 30 克，白糖 3 克，酱油 5 克，食盐 5 克，姜末、蒜末、葱花、植物油、料酒、黄酒各适量，辣椒粉少许

·操作步骤·

① 黄颡鱼处理干净，拭干水分，用辣椒粉、料酒、适量食盐略腌，用少许油煎至两面金黄。

② 锅中放入植物油，烧热后加入姜末、蒜末、豆豉酱炒出香味，加 300 克水煮开，放入酱油、黄酒、白糖，少许食盐。

③ 放入煎好的黄颡鱼煮至入味，烧至汤汁浓稠，盛入盘中，撒些葱花即可。

·营养贴士· 本道菜有补充蛋白、增强体质的功效。

泡椒**辣鱼丁**

主　料▷ 草鱼肉 300 克，泡椒末 50 克

辅　料▷ 姜末、蒜片、淀粉、植物油、香油、酱油、高汤、料酒、胡椒粉、精盐、味精各适量

·操作步骤·

① 将草鱼肉洗净切丁，然后加胡椒粉、精盐、料酒、淀粉拌匀，腌渍 10 分钟。

② 锅中放油，至六成热时，放入鱼肉丁，炸成金黄色捞起。

③ 锅内留底油，放入泡椒末、姜末、蒜片炒香，倒入高汤烧开，然后将鱼肉丁倒入锅内，加入胡椒粉焖 5 分钟，最后加料酒、味精、酱油、香油翻炒片刻，盛盘即可。

·营养贴士· 本道菜有健胃养血、补虚养气的功效。

主料 鱿鱼 300 克，酸菜 150 克，红辣椒、肉末各 30 克

辅料 食盐 5 克，鸡精 3 克，红油、植物油、碱水各适量，葱花少许

·操作步骤·

① 鱿鱼处理干净，斜切十字花刀，放入沸水锅中汆一下，使其成笔筒形，放碱水中浸 30 分钟，捞出洗净。

② 酸菜用清水浸泡 30 分钟，捞出拧干，切成小段；红辣椒洗净，切成圈。

③ 锅中置植物油烧热，下肉末、红辣椒圈炒香，再加入鱿鱼、酸菜翻炒至熟，

酸辣**笔筒鱿鱼**

加入食盐、鸡精、红油炒匀，撒些葱花即可出锅。

·营养贴士· 本道菜有滋阴养胃、补虚润肤的功效。

·操作要领· 颜色玉白或微黄，有质嫩感，有乳酸特有的香味，用手掐酸菜的时候有脆感，水洗、浸泡后仍有酸味的酸菜为佳品。

醋喷**鲫鱼**

主 料 ➡ 鲫鱼 500 克

辅 料 ➡ 洋葱、陈醋、白糖、生抽、精盐、
味精、植物油、葱末、葱花、姜末、
干辣椒各适量

·操作步骤·

① 将鲫鱼去净内脏及腮，洗净沥干，切块；
干辣椒切碎；洋葱洗净切小丁。

② 锅中放植物油，烧至八成热，放入鲫鱼，
炸熟捞出。

③ 锅中留底油烧热，用葱末、姜末、干辣
椒爆锅，入洋葱翻炒片刻，然后加入白糖、
生抽、精盐、味精，放入炸好的鲫鱼炒匀，
再淋些陈醋，撒上葱花即可。

·营养贴士· 本道菜有健脾开胃、利水除
湿的功效。

·操作要领· 注意保持鲫鱼的口感，倒入
鲫鱼块后的翻炒速度要快。

尖椒
炒鲫鱼

主料 鲫鱼 600 克

辅料 植物油 400 克，辣椒
酱 15 克，花椒粒 3 克，
精盐 3 克，味精 2 克，
葱 10 克，姜、蒜各
5 克，熟芝麻 10 克，
青辣椒、红辣椒各
10 克，干辣椒 5 克，
料酒适量

·操作步骤·

① 将鲫鱼宰杀去鳞和内脏，
洗净，切成块；青辣椒
和红辣椒去蒂、去籽洗
净切斜大圈；干辣椒切
粒；姜、蒜切片；葱切花。

② 将鲫鱼下入热油（植物油）
锅中炸至酥脆，捞出沥
油。

③ 锅中留底油，下入干辣
椒、青辣椒、红辣椒、
姜片、蒜片、辣椒酱、
花椒粒炒香，然后放入
鱼块略炒，再加入料酒、
精盐、味精炒匀，撒入
葱花、熟芝麻即可。

·营养贴士· 本道菜有和中开胃、活血通络的功效。

·操作要领· 选购鲫鱼时，主要看它的眼睛，眼珠
非常有神的一般都很新鲜。

松仁河虾球

主料 河虾仁 400 克，松仁 100 克

辅料 枸杞子、鸡蛋液、盐、料酒、胡椒
粉、鸡精、葱姜末、油、水淀粉、
淀粉各适量，豌豆少许

·操作步骤·

① 河虾仁放入器皿中，用毛巾吸干水分，
放入鸡蛋液、料酒、盐、鸡精、淀粉搅
拌均匀，给虾仁上浆。

② 坐锅点火倒入油，小火放入河虾仁，滑

熟后改大火，放入豌豆稍滑一下倒出，
控干油。

③ 用锅中底油煸香葱姜末，倒少许水，加盐、
鸡精、胡椒粉调味，放入河虾仁、豌豆、
枸杞子、松仁，大火翻炒，以水淀粉勾
芡出锅即可。

·营养贴士· 本道菜有富含蛋白、补充元
素的功效。

·操作要领· 虾仁提前腌渍一下，是为了
更好地入味。

美味菌豆类小炒

真味**素什锦**

主料 猪肉、香菇、木耳、胡萝卜、豆腐、
面筋、蚕豆各适量

辅料 姜末、蒜末、豆瓣酱、酱油、盐、
味精、植物油各适量

·操作步骤·

① 所有食材洗净，控干水分备用。

② 猪肉、胡萝卜切片，木耳撕小朵，豆腐、
面筋切小块。

③ 锅中倒油烧热，放入豆瓣酱、姜末、蒜
末爆香，放入猪肉煸炒，倒入少许酱油
继续煸炒。

④ 依次放入蚕豆、胡萝卜、豆腐煸炒至七
分熟时放入香菇、木耳、面筋翻炒片刻，
最后放入盐、味精调味即可。

·营养贴士· 本道菜有健脾消食、补益五脏
的功效。

菠萝腰果**炒草菇**

主料 菠萝 200 克，腰果 10 克，草菇 80 克，
虾、番茄、胡萝卜、鲜芦笋各少许

辅料 咖喱粉 5 克，茄汁 20 克，精盐、
植物油各适量

·操作步骤·

① 胡萝卜洗净切块；草菇洗净切两半；番
茄洗净切块；虾去壳；鲜芦笋洗净切段。

② 菠萝挖肉切粒，放入盐水中浸一下，然
后沥干备用。

③ 锅置火上，倒油烧热，下草菇、芦笋、
番茄、胡萝卜、虾爆炒，加咖喱粉、茄
汁调味。

④ 最后加菠萝粒、腰果炒匀即可。

·营养贴士· 本道菜有润肤美容、延缓衰老
的功效。

茭白金针菇

主料 茭白 450 克，金针菇 300 克，瘦肉 100 克

辅料 木耳 5 克，精盐 6 克，白糖 3 克，味精 2 克，料酒 10 克，小葱、干红辣椒、植物油各适量

·操作步骤·

① 茭白去壳削皮，洗净后拍松，切丝；瘦肉洗净切丝；金针菇洗净；木耳泡发切丝；小葱洗净切段；干红辣椒切丝。

② 炒锅烧热，倒入植物油，升温至五成热时，将茭白倒入，炸至收缩呈黄色时捞出，沥油待用。

③ 锅内留少量油，爆香葱段、干红辣椒丝，倒入金针菇、瘦肉、木耳，炒至七分熟后即倒入茭白，再加入白糖、料酒、精盐及味精，翻炒均匀，装盘即成。

·营养贴士· 本道菜有抵抗疲劳、抗菌消炎的功效。

·操作要领· 茭白以嫩茎肥大，外观白净整洁，多肉，新鲜柔嫩，肉色洁白，带甜味者为最好。

蘑菇兔肉

主 料 ▷ 鲜蘑菇 350 克，兔肉 200 克

辅 料 ▷ 绍酒、醋各 7 克，精盐、味精各 3 克，葱花、蒜丝、姜末各少许，淀粉、植物油各适量

·操作步骤·

① 兔肉洗净，切成肉丝；鲜蘑菇洗净，切成长条，下沸水焯烫透，捞出过凉水，沥干水分。

② 炒锅上火烧热，加底油，用葱、姜、蒜炝锅，烹绍酒、醋，下兔肉，再下入蘑菇煸炒片刻，加精盐、味精，翻炒均匀，淀粉勾芡，出锅装盘即可。

·营养贴士· 本道菜有养血驻颜、滋润肌肤的功效。

芥蓝烧什菌

主 料 ▷ 芥蓝 400 克，鸡腿菇 350 克

辅 料 ▷ 精盐、味精、鸡精各 5 克，淀粉 10 克，植物油 20 克，白糖、葱花、姜丝、明油各少许

·操作步骤·

① 芥蓝洗净切段，放入加盐的开水中焯一下，然后捞出过凉水，沥干水分备用。

② 鸡腿菇洗净切条，放入开水中焯一下，捞出备用。

③ 锅置火上，倒入植物油，油热后下入葱花、姜丝爆香，倒入芥蓝、鸡腿菇翻炒，加精盐、味精、白糖、鸡精调味，炒熟后用淀粉勾芡，淋入明油即成。

·营养贴士· 本道菜有解毒祛风、清心明目的功效。

木耳
炒豆皮

主 料 青椒1个,豆腐皮、
木耳各适量

辅 料 植物油、食盐、蒜
各适量,圆白菜少
许

·操作步骤·

① 豆腐皮洗净,切丝;木耳
洗净泡发;圆白菜洗净
切丝、焯水;青椒洗净
切丝;蒜剥皮切末。

② 锅中热油(植物油),下
入蒜末爆香,倒入木耳
煸炒,加入少许清水,
放入豆腐皮儿、圆白菜
炒匀。

③ 加入青椒丝翻炒片刻,炒
熟后加食盐调味即可。

·营养贴士· 本道菜有养血驻颜、防癌抗癌的功效。

·操作要领· 圆白菜焯水时间不要长,否则容易流失营养。

芙蓉木耳

主 料 木耳50克，鸡蛋2个，胡萝卜1根，黄瓜1根

辅 料 食用油、食盐各适量

操作步骤

准备所需主材料。

将木耳洗干净撕成适口小块；将胡萝卜切片；将黄瓜去皮切片，备用。

鸡蛋取蛋清，加入适量的盐，搅拌均匀。

将锅内放入食用油，放入蛋清液滑散片刻，盛出锅后备用。

将木耳、黄瓜、胡萝卜放入锅内翻炒片刻，加食盐，再向锅内加入炒好的蛋清翻炒均匀后，即可出锅。

烹饪心得

营养贴士：本道菜有润肺补脑、补血活血的功效。

操作要领：选购木耳时以呈深黑色，耳瓣略展，朵面乌黑有光泽，耳背呈暗灰色，无结块的为佳品。

金针菇爆肥牛

主料 肥牛 300 克，金针菇 200 克

辅料 姜1个，精盐、鸡精各5克，白糖3克，
植物油、葱各适量

·操作步骤·

① 金针菇去蒂，洗净后撕散备用；肥牛肉
洗净切片；姜切片；葱切碎。

② 将金针菇放入开水中焯一下，控干水分。

③ 坐锅点火倒油，下葱、姜爆香，放入肥
牛肉片翻炒片刻，再放入焯好的金针菇
翻炒，加入精盐、鸡精、白糖调味，翻
炒均匀即可。

·营养贴士· 本道菜有滋养脾胃、强健筋骨
的功效。

蘑菇豌豆

主料 鲜香菇 300 克，豌豆 150 克

辅料 葱末、姜末、蒜末、香油、盐、鸡汤、
植物油、水淀粉各适量

·操作步骤·

① 将鲜香菇摘洗净，切成小片，在开水锅
内焯一下，捞出沥水。

② 豌豆剥去外皮洗净，在开水锅中焯一下，
捞出沥水。

③ 炒锅上火，放油烧至六成热，放葱末、
姜末、蒜末爆炒出香味，倒入鲜香菇、
豌豆，放少量鸡汤烧开，放盐。用水
淀粉勾薄芡，烧开淋上香油即成。

·营养贴士· 本道菜有健胃消食、延缓衰老
的功效。

吉祥猴菇

主 料 干猴头菇150克，红尖椒、青尖椒
各50克，

辅 料 芹菜50克，酱油、白胡椒粉、蘑
菇精、盐、干生粉、植物油各适量，
干辣椒、鲜金针菇各少许

·操作步骤·

① 干猴头菇用水浸泡至少三个小时，撕成
适当小块，焯水，捞出后用凉水过一下，
挤干水分。红尖椒、青尖椒洗净切片；
芹菜洗净切段；干辣椒切段；金针菇焯
熟备用。

② 将挤干水分的猴头菇用酱油、白胡椒粉、
蘑菇精腌至入味，放入干生粉拌匀后，

倒入油锅中炸至金黄色。

③ 另起锅热油，依次放入干辣椒、红尖
椒、青尖椒片、芹菜段炒出香味，再
倒入炸好的猴头菇，翻炒后加入少许
盐、蘑菇精，出锅后放上新鲜的金针
菇做点缀即可。

·营养贴士· 本道菜有健胃补虚、抗癌益
肾的功效。

·操作要领· 千万不能用沸水泡发猴头
菇，因为沸水的温度会使
猴头菇的营养丧失，而且
会使猴头菇内部产生肉筋，
影响口感。

红椒炒珍珠菇

主料 珍珠菇 500 克，午餐肉、红椒各适量

辅料 姜末、蒜瓣、盐、味精、醋、酱油、料酒、植物油各适量

·操作步骤·

① 珍珠菇去根、洗净；红椒洗净，切菱形片；午餐肉、蒜瓣切片。

② 锅中倒油烧热，放入姜末、蒜片爆香，放入红椒片、珍珠菇翻炒一会儿后放入午餐肉。

③ 继续翻炒至珍珠菇熟软，加醋、酱油、料酒焖一小会儿，撒一点味精调味即可。

·营养贴士· 本道菜有健脑益气、营养保健的功效。

爆炒花枝片

主料 墨鱼、香菇、胡萝卜、冬瓜各适量

辅料 蒜末、盐、味精、植物油各适量

·操作步骤·

① 墨鱼洗净切片；香菇洗净切块；胡萝卜、冬瓜洗净切薄片。

② 锅中倒油烧热，放入蒜末炝锅，放入墨鱼片快速翻炒，加入盐翻炒至变色，放入香菇、胡萝卜、冬瓜快速翻炒，出锅前放入味精调味即可。

·营养贴士· 本道菜有补益精血、益气增志的功效。

五宝
鲜蔬

主 料▷ 上海青、干木耳、胡萝卜、草菇、白蘑菇各适量

辅 料▷ 植物油适量，盐、蘑菇精、淀粉各少许

·操作步骤·

① 上海青掰成一片片的洗净；干木耳用凉水泡开后，去蒂洗净，撕成小块；草菇和白蘑菇用水泡发后焯一下，切成厚片；胡萝卜切片。

② 起锅热少许油，先放入上海青快速翻炒，用盐、蘑菇精调味后，出锅摆在盘底。

③ 另起锅热少许油，依次放入胡萝卜、木耳、白蘑菇、草菇，快速翻炒，也用盐、蘑菇精调味，并用淀粉兑水勾薄芡出锅，盛到摆好的上海青上。

·营养贴士· 本道菜营养均衡，有促进生长的功效。

·操作要领· 草菇浸泡时间不宜过长。

肉丝烧金针

主 料 猪肉 100 克，金针菇 200 克

辅 料 香菜 5 克，盐、味精、淀粉、胡椒
粉、姜、辣椒油、色拉油各适量

· 操作步骤 ·

① 猪肉洗净切丝，然后倒入碗中，加入盐、
淀粉、胡椒粉拌匀；金针菇泡发择净，
入沸水略烫待用；香菜洗净切碎。

② 锅放色拉油烧至四成热，下肉丝过油炒
散，待用。

③ 锅留底油，下姜炒香，倒入肉丝、金针菇，
加盐、味精、辣椒油调味，翻炒均匀，
撒上香菜即可。

· 营养贴士 · 本道菜营养丰富，具有益智补
脑的功效。

木耳熘鱼片

主 料 鱼肉 300 克，黑木耳 50 克

辅 料 鸡蛋清 25 克，水淀粉 35 克，植物油、
葱、蒜、盐、料酒、香油各适量

· 操作步骤 ·

① 鱼肉洗净切片，加入料酒、盐、鸡蛋清、
水淀粉抓匀；黑木耳泡发备用；葱、蒜
切末备用。

② 锅中热油，五成热时下鱼片滑熟，盛出
备用。

③ 锅中热油，加入葱、蒜爆香，倒入料酒、
清水、黑木耳、盐搅匀；汤汁煮沸后撇
去浮沫，倒入鱼片，待再次煮沸时用水
淀粉勾芡，最后浇上香油即可。

· 营养贴士 · 本道菜营养全面，具有强身健
体、益脑益智的作用，非常适
合儿童食用。

野山菌烧扇贝

主 料 扇贝 500 克，野山菌 30 克

辅 料 香菜 5 克，精盐、糖各 5 克，酱油、香油各 6 克，生粉、姜各 5 克，植物油 30 克，辣椒酱适量

·操作步骤·

① 扇贝洗净，放入锅中，加入凉水、精盐煮一下，去壳取肉。

② 野山菌洗净撕成小朵；姜切片；香菜洗净切碎。

③ 锅中倒油，加入姜炒香，加扇贝，再放

入野山菌、辣椒酱翻炒片刻，放入糖、酱油，加入香菜，淋上生粉、香油出锅即可。

·营养贴士· 野山菌富含多种营养物质，可以增强人体免疫力、降低血脂、预防动脉硬化。

·操作要领· 扇贝一定要处理干净，否则容易影响口感。

麻辣臭豆腐

主料 臭豆腐 300 克，猪肉馅 10 克

辅料 肉酱 50 克，大蒜 6 瓣，干辣椒 2 个，蚝油 15 克，精盐、味精各 3 克，葱花 5 克，辣椒油、植物油、料酒各适量

·操作步骤·

① 将臭豆腐切成小块备用；大蒜切末；干辣椒切末。

② 锅内放植物油烧热，将猪肉馅、肉酱以大火快速拌炒约 1 分钟后起锅备用。

③ 锅内放植物油烧热，先爆香大蒜末、干辣椒，再加入料酒、蚝油、辣椒油、精盐、味精、臭豆腐以及炒好的肉酱、猪肉馅，最后加入水，以小火煮 5~8 分钟，出锅撒上葱花即可。

·营养贴士· 这道菜具有调节肠胃、健胃养颜的功效。

煎豆腐烧大肠

主料 北豆腐 300 克，猪大肠 400 克

辅料 葱 1 棵，酱油 10 克，料酒 15 克，盐 6 克，味精 3 克，植物油 30 克，鲜汤适量，干辣椒少许

·操作步骤·

① 猪大肠洗净切段；北豆腐切成小方块；葱洗净切段；干辣椒切段。

② 锅中倒油，烧至八成热时下豆腐煎炸，呈金黄色时捞出控油。锅中倒入清水，煮沸后倒入大肠段和炸豆腐焯一下。

③ 锅烧热，倒入鲜汤、大肠段、豆腐块、葱段、干辣椒、酱油、料酒烧沸，用漏勺撇去浮沫，盖锅盖炖熟，最后调入盐和味精即成。

·营养贴士· 这道菜营养丰富，具有润燥补虚、止渴止血的功效。

主料 牛蛙、鲜鸡腿菇各 200 克

辅料 高汤 500 克，精盐、胡椒粉各 5 克，味精 3 克，料酒 5 克，水淀粉 10 克，植物油、红辣椒、姜块、蒜头、葱段、葱花、鸡油各适量

·操作步骤·

① 鸡腿菇洗净后，对切成两半；蒜洗净，去两端，修平整；红辣椒切片；牛蛙洗净切块。

② 锅置于中火上，放入植物油、姜块、葱段炒出香味，倒入高汤，烧沸后，加入牛蛙，用小火焖 2 分钟，捞出。

③ 锅置于旺火上，倒入高汤，先放入精盐、

鸡腿菇烧牛蛙

料酒、胡椒粉、味精，后下牛蛙、鸡腿菇、红辣椒、蒜，浇淋入味后，用水淀粉收汁，撒上葱花，淋化鸡油装入盘中即成。

·营养贴士· 鸡腿菇集营养、保健、食疗于一身，具有高蛋白、低脂肪的优良特性。

·操作要领· 牛蛙一定要注意火候，炒的时间太长容易炒老，太短又会炒不熟而且容易携带病菌。

油豆腐炒白菜

主料 油豆腐、白菜各适量

辅料 植物油、食盐、鸡精各少许

·操作步骤·

① 白菜切片。

② 锅置火上，倒入植物油，油烧热后倒入油豆腐翻炒片刻，然后加入白菜同炒。

③ 待炒熟后，加入食盐、鸡精即可出锅。

·营养贴士· 本道菜有养胃生津、除烦解渴的功效。

尖椒白干炒腊里脊

主料 腊里脊肉 150 克，尖椒 50 克，白干 3 块

辅料 木耳 5 克，鲜汤、色拉油各 50 克，精盐 4 克，豆豉 10 克，大蒜粒 5 克，酱油 3 克，鸡精 3 克

·操作步骤·

① 腊里脊肉放入清水中浸泡约 60 分钟，放入锅中蒸约 30 分钟，放凉后切成薄片；尖椒斜刀切片；木耳放入水中浸泡片刻。

② 锅中热油，四成热时加入白干煎炸，当外皮炸硬后捞出切片。

③ 锅中热油，六成热时倒入尖椒、豆豉、大蒜粒爆香，加入白干、腊里脊肉、木耳翻炒，调入精盐、酱油、鸡精继续煸炒 1 分钟，浇上鲜汤，翻炒均匀即可。

·营养贴士· 本道菜有健胃利血、清肠利便的功效。

肉片
烧口蘑

主料 猪肉（肥瘦）80 克，口蘑 400 克

辅料 青、红椒片各 10 克，花椒 5 克，酱油 5 克，精盐 3 克，白砂糖 5 克，味精 2 克，大豆油、大葱、大蒜、姜、料酒、清汤、明油、淀粉（豌豆）各适量

·操作步骤·

① 把猪肉洗净切成小薄片；口蘑洗净切片；葱、蒜均切成片；姜切末；花椒用水浸泡，挑拣出花椒，花椒水留用。

② 锅内倒大豆油中火烧至七成热时，放入肉片炒至变色，再放入口蘑翻炒。

③ 加酱油、料酒、花椒水、精盐、白砂糖、味精，再放入青、红椒片稍炒，添入清汤，烧开后用湿淀粉勾芡，淋明油翻个儿出锅即成。

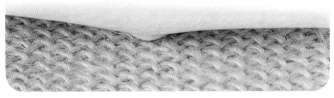

·营养贴士· 口蘑中富含微量元素硒，能够防止过氧化物损害机体，降低因缺硒引起的血压升高和血黏度增加，调节甲状腺的工作，提高免疫力。

·操作要领· 猪肉要选择肥瘦相间的，这样做出来的菜味道更好。

豉椒炒豆腐

主料 北豆腐 250 克，红椒 2 个

辅料 植物油、盐、葱末、豆豉、醋、酱
油、鸡精各适量

·操作步骤·

① 红椒洗净切小段；豆腐切丁，放入锅中
炸一下备用。

② 锅置火上，倒植物油烧热，下葱末、豆
豉炒香，倒入北豆腐丁翻炒片刻，加入
红椒、盐，继续翻炒。

③ 炒熟后加醋、酱油、鸡精调味，炒匀即
可出锅。

·营养贴士· 本道菜营养丰富，有增进食欲
的功效。

桂花豆腐

主料 豆腐 100 克，鸡蛋 3 个

辅料 葱 1 棵，淀粉 15 克，食用油、盐、
鸡精各适量

·操作步骤·

① 豆腐切成方丁，放进锅中焯水，然后捞
出沥水备用；葱洗净切花。

② 向淀粉中打鸡蛋，搅拌均匀后加入盐调
味。

③ 锅中热食用油，油热后将蛋液快速划炒
散；加入豆腐翻炒，最后加入盐、鸡精，
撒上葱花即成。

·营养贴士· 本道菜有补益清热、生津止渴
的功效。

五彩烩豆腐

主料 北豆腐 500 克，土豆 100 克，青椒、红椒各 50 克

辅料 大葱、食用油、食盐、姜末、酱油、糖各适量

·操作步骤·

① 北豆腐切块；土豆、青椒、红椒一部分切丝，一部分切丁，大葱切丝。

② 将豆腐块用开水氽一下，捞出控干水分待用。

③ 将土豆丁焯水捞出沥干水分。

④ 另起锅烧热，加入少许油，油热后放入姜末爆香，下入土豆丁、青椒丁和红椒丁煸炒，放豆腐块，调入少许酱油和食盐调味。

⑤ 锅中加入适量水，烧至半干时，加入少许糖，稍后勾芡，撒上葱丝，即可出锅。

·营养贴士· 本道菜有益气调中、缓急止痛的功效。

·操作要领· 选北豆腐做这道菜是因为它比南豆腐水分少，较坚硬，更适合煎炸。

香干炒腊肉

主料 腊肉 50 克，豆
干 100 克，韭菜
50 克

辅料 食用油、食盐、
味精各适量

操作步骤

① 准备所需主材料。

② 将腊肉切片。

③ 将豆干切片；韭菜切段。

④ 锅内放入食用油，油热
后放入腊肉、豆干翻炒
均匀，然后再放入韭菜
略炒，至熟后加入食盐、
味精调味即可。

营养贴士： 本道菜营养丰富，有清热去燥的功效。

操作要领： 豆干本身带有咸味，放盐时注意用量。

主料 豆腐 400 克，鸡脯肉 100 克

辅料 青、红椒各 25 克，郫县豆瓣酱、
蒜蓉、葱花、味精、盐、耗油、鲜
汤、老抽、花椒粉、植物油、淀粉
各适量

麻辣鸡豆腐

油、老抽、花椒粉调味，然后用淀粉加
水勾芡。

④ 撒上葱花，出锅装盘即可。

·操作步骤·

① 豆腐洗净切小块，用沸水焯一下，捞出
沥干水分；青、红椒洗净，切成粒状。

② 鸡脯肉洗净切丁，锅中加植物油烧热，
将鸡脯肉下锅划油至刚熟，捞出备用。

③ 锅内留少许底油，放入豆瓣酱炒至吐出
红油，放入蒜蓉、青红椒粒和豆腐、鸡
丁，加入少许鲜汤，放入味精、盐、耗

·营养贴士· 豆腐和鸡肉都含有非常丰富
的营养元素，因此这道菜具
有强身健体、提升人体免疫
力的功效。

·操作要领· 焯豆腐的时候可以适量加些
盐，这样豆腐炒的时候不容
易碎掉。

煎炒**豆腐**

主 料▶ 豆腐 500 克

辅 料▶ 干辣椒、姜、蒜、香菜各少许，盐、
植物油各适量

·操作步骤·

① 豆腐洗净，切成大小差不多的长方形的
块；姜、蒜切末；干辣椒、香菜切段。

② 锅中倒油烧热，将豆腐放入，煎至四面
金黄时捞出，放在盘里待用。

③ 将锅洗净后倒油烧热，放入姜、蒜、干
辣椒爆香，然后放入香菜和煎好的豆腐
一起翻炒 2~3 分钟，最后加盐调味即可。

·营养贴士· 本道菜有清热润燥、清洁肠胃
的功效。

老干妈韭白**炒香干**

主 料▶ 香干 3 片，韭白 150 克

辅 料▶ 木耳 20 克，老干妈酱、盐、鸡精、
植物油、鲜汤、淀粉、猪油各适
量

·操作步骤·

① 香干切片；韭白洗净切段；木耳洗净切片。

② 锅内热植物油，六成热时，下入香干煎
一下，要把两面煎黄。

③ 锅留底油，加入老干妈酱爆香，加入香
干翻炒，再倒入韭白、木耳翻炒，加
入盐、鸡精调味。

④ 倒入鲜汤煨焖，待汤汁香气浓郁时加入
淀粉勾芡，最后浇上少许热猪油，装盘
即成。

·营养贴士· 本道菜有补气养血、润肺止咳
的功效。

豆芽
炒腐皮

主 料 绿豆芽200克，
豆腐皮100克，
韭菜30克

辅 料 姜丝、蒜末各5
克，食盐3克，
生抽、植物油、
鸡精、胡椒粉、
白醋各适量

·操作步骤·

① 绿豆芽掐去根，洗净；豆
腐皮切成丝；韭菜择好
洗净，切成段。

② 炒锅加热，倒入植物油，
下姜丝、蒜末煸出香味，
放入豆腐皮、豆芽翻炒
至豆芽软熟。

③ 下韭菜，调入食盐、白
醋、生抽翻炒均匀，出
锅前撒入鸡精、胡椒粉
炒匀即可。

·营养贴士· 本道菜有美容排毒、消脂通便的功效。

·操作要领· 质量良好的豆腐皮，色白味淡，柔软而富有弹性，薄厚均匀，片形整齐，
具有豆腐的香味。

鸿运豆腐

主 料 嫩豆腐 250 克

辅 料 双孢菇 2 朵，熟松仁 15 克，清汤 150 克，剁椒 40 克，葱花 10 克，姜末、蒜末各 8 克，食盐 3 克，植物油适量，香油、鸡精各少许

·操作步骤·

① 剁椒剁细；双孢菇洗净，切小粒；嫩豆腐切片，放入盘中。

② 嫩豆腐入蒸锅蒸 15 分钟，取出倒掉盘子里的水。

③ 炒锅放植物油烧热，下入姜末、蒜末、剁椒爆出香味，下入双孢菇炒出香味，再加入清汤、鸡精、食盐煮开，转大火收至汤汁浓稠，淋入香油，浇到豆腐上，撒上熟松仁、葱花即可。

·营养贴士· 本道菜有提神消化、润肺理气的功效。

干丝炒海带

主 料 豆腐皮 200 克，海带（鲜）150 克

辅 料 大蒜 8 克，白糖 5 克，鸡精 3 克，酱油、葱花、植物油各适量，食盐、香油各少许

·操作步骤·

① 大蒜去皮，捣成茸；豆腐皮切成细丝，放入开水中烫一下，捞出控水。

② 海带洗净，放入沸水锅中煮 10 分钟，捞出投入冷开水中浸凉，沥干水分，切成细丝。

③ 锅中放植物油烧热，下入葱花炒出香味，放入海带、豆腐丝翻炒片刻，再放入酱油、食盐、鸡精、白糖、香油、蒜茸，翻炒均匀装盘即可。

·营养贴士· 本道菜有健美、瘦身的功效。

鸡丝魔芋豆腐

主料 鸡胸肉 200 克，魔芋豆腐 150 克，双孢菇、鲜香菇各少许

辅料 猪油 80 克，香葱 10 克，鸡蛋清 25 克，淀粉 25 克，食盐 3 克，鸡精 2 克，胡椒粉少许，鸡油、料酒各适量

·操作步骤·

① 香葱洗净，切长段；双孢菇、鲜香菇去蒂，切薄片。

② 鸡胸肉洗净，切丝，用鸡蛋清、淀粉、少许食盐调匀，浆好。

③ 魔芋豆腐洗净，切长条，下入冷水锅中烧开余过，捞出浸泡在凉开水中。

④ 锅内放入猪油烧至五成热，将鸡丝下入油锅，滑至八成熟，倒入漏勺内沥油。

⑤ 锅内留底油，下入香菇片、双孢菇片煸一下，加入料酒、食盐、鸡精、胡椒粉、蘑芋豆腐、鸡丝、适量水煮制，待汤汁快收干，用少许淀粉勾芡，加入葱段，淋入鸡油，盛入盘内即可。

·营养贴士· 本道菜有活血化瘀、解毒消肿的功效。

·操作要领· 用蛋清、淀粉腌渍鸡肉，可使鸡肉更嫩，口感更好。

东坡豆腐

主料 豆腐 500 克，小油菜、豆皮各 100
克

辅料 香菇 5 克，熟冬笋片 50 克，鸡蛋
1 个，葱末、姜末、面粉、精盐、
植物油、高汤各适量

· 操作步骤 ·

① 将豆腐切成方块；面粉、鸡蛋、精盐放
一起，搅拌成糊；小油菜洗净；豆皮切片；
香菇泡水后切碎。

② 将豆腐涂上糊，放入油锅中炸成金黄色。

③ 锅里留底油烧热，放入葱末、姜末爆香，
然后放入小油菜、香菇、豆皮、熟冬笋片、
豆腐煸炒片刻，再加高汤用小火煨焖，
最后用大火收汁即成。

· 营养贴士 · 本道菜营养丰富，有清肠通便
的功效。

素三丝

主料 豆腐丝 250 克，绿豆芽 150 克，芹
菜梗 100 克

辅料 红柿子椒 15 克，葱末、姜末、蒜末、
精盐、鸡粉、白醋、水淀粉、植物
油各适量

· 操作步骤 ·

① 将芹菜梗洗净切丝略焯，捞出过凉水至
凉；红柿子椒洗净切丝。

② 锅中放油烧热，放入葱末、姜末、蒜末
爆香，然后放入豆腐丝、绿豆芽、芹菜
丝煸炒 1 分钟，再放入红柿子椒，加精盐、
鸡粉、白醋翻炒匀，最后用水淀粉勾一
层薄芡即可。

· 营养贴士 · 本道菜有舒筋通络、健脾利水
的功效。

麻婆
豆腐鸡

主 料 鸡腿 2 个，北豆腐 1 块

辅 料 炸花生米 15 克，高汤、郫县豆瓣酱、精盐、酱油、植物油、鸡精、料酒、花椒、葱末、姜末、蒜末、干辣椒段、香菜段各适量

·**操作步骤**·

① 将鸡腿洗净切块，然后放入精盐、鸡精、料酒和酱油，腌渍 10 分钟。

② 豆腐切块备用。

③ 炒锅放油，开小火炒制郫县豆瓣酱和花椒，香味出来后，加入葱末、姜末、蒜末和干辣椒段。

④ 开大火，放入鸡块和料酒，翻炒几下。

⑤ 鸡块微变色后，放入高汤和豆腐，转小火煨。

⑥ 20 分钟后，放入酱油、精盐和炸花生米，撒上香菜段出锅。

·**营养贴士**· 常食豆腐可补中益气、清热润燥、生津止渴、清洁肠胃。

·**操作要领**· 提前将鸡腿腌渍一下是为了更好地入味。

蟹黄 熘豆腐

主 料▶ 豆腐 500 克，蟹黄 100 克

辅 料▶ 青椒、红椒各 50 克，食用油、水
淀粉、食盐、鸡精、葱、姜、料酒
各适量

·操作步骤·

① 豆腐切块，入热油锅中炸至金黄，捞出
备用；蟹黄碾碎，青椒、红椒切碎；葱、
姜切末。

② 起锅倒入适量油，爆香葱、姜末，加入
蟹黄泥、料酒，翻炒片刻。

③ 加入已经炸好的豆腐块翻炒，之后倒入
适量水，待熬至半干时用水淀粉勾芡，
用食盐和鸡精调味，撒上青椒碎和红椒
碎之后即可出锅。

·营养贴士· 本道菜有生津止渴、补充能
量的功效。

清香 炒干丝

主 料▶ 豆腐皮 200 克

辅 料▶ 干辣椒、葱白、姜、鸡精、食盐、
酱油、植物油各适量，青菜梗少许

·操作步骤·

① 豆腐皮切成粗丝，用开水氽一下，沥干
水分；干辣椒洗净切丝；姜切末；葱白
切片；青菜梗洗净焯水。

② 锅中放植物油，放入姜末、干辣椒丝、
葱白片炒香，放入豆腐皮丝煸炒几下，
放入青菜梗，加酱油、食盐、鸡精、少
许清水，炒匀即可。

·营养贴士· 本道菜有活血化瘀、清肠通便
的功效。

雪菜平锅豆腐

主料 北豆腐 500 克，雪菜 200 克，鸡蛋液 100 克，牛肉馅 100 克，番茄适量

辅料 食盐、食用油、蒜末、姜末、生抽各适量

·操作步骤·

① 北豆腐用厨房纸巾吸干水分，切成 1 厘米厚、5 厘米见方的片，再撒入食盐调味；盐渍雪菜用清水漂洗几次，再攥干水分，切成碎末；番茄洗净对半切开，挖去内芯，切成小丁。

② 鸡蛋磕入碗中，搅打成鸡蛋液，再将北豆腐片放入，使其表面均匀地沾上一层蛋液。

③ 中火烧热平锅中的油，待烧至六成热时将蒜末和姜末放入爆香，随后放入牛肉馅，翻炒直至将水分完全炒干，再放入雪菜末和番茄小丁拌炒片刻，随后盛出待用。

④ 将少许油倒入平锅中，烧至五成热时将豆腐片逐一放入平锅中，将两面均煎制成金黄色。

⑤ 最后将雪菜牛肉末撒入平锅中，淋入生抽即可。

·营养贴士· 本道菜有醒脑提神、开胃消食的功效。

·操作要领· 雪菜用清水漂洗不是为了干净，而是为了降低咸味。

椒麻腐竹

主 料 腐竹 250 克

辅 料 青椒 1 个，花椒 10 克，白糖 3 克，盐 5 克，味精 2 克，碱粉 1 克，香油 10 克，酱油、油各适量

·操作步骤·

① 青椒洗净，切成片；腐竹放进水中泡发，挤干水。

② 将腐竹用刀斜切成厚 2 毫米的片，放入盆中，加碱粉，再冲入温水泡发 15 分钟，捞出，手掐腐竹似断而有韧性即可，漂洗去腐竹的碱味。锅中少油，大火略炒青椒，盛出备用。

③ 花椒洗净，剁成细茸，放在小碗中，加酱油、白糖、盐、味精、香油，搅拌均匀，即成椒麻汁。

④ 将椒麻汁浇在切好发透的腐竹上，放进青椒拌匀即可。

·营养贴士· 本道菜有软化血管、保护心脏的功效。

泡菜炒豆腐

主 料 豆腐 350 克，泡菜 350 克，猪肉少许

辅 料 色拉油、盐、料酒、淀粉、生抽各适量

·操作步骤·

① 将泡菜切成段；豆腐切成 1 厘米厚的方形块；五花肉切片，用盐、料酒、淀粉、生抽腌入味。

② 起油锅，油温升至五成热时，放入五花肉翻炒至断生，加入泡菜略炒。

③ 放入豆腐、盐和少许泡菜汁，煮至豆腐入味时即可出锅。

·营养贴士· 本道菜有清热润燥、解毒化湿的功效。

罗汉豆腐

主 料 北豆腐 500 克，鲜香菇 50 克，土豆 50 克，胡萝卜 100 克，

辅 料 精盐 5 克，味精 3 克，料酒、酱油各 5 克，植物油 200 克，水淀粉、葱花、白糖各适量

·操作步骤·

① 将北豆腐切成长 3.5 厘米、宽 1 厘米的条；鲜香菇、土豆、胡萝卜洗净，也切成同样的条。

② 炒勺上火，下入植物油烧热，把香菇条、土豆条、胡萝卜条下入油锅浸炸一下，捞出，控净油。再将油烧至七八成热，下入豆腐条炸至金黄色捞出，控净油。

③ 将炒锅中的油倒出，放适量水，下入炸好的豆腐、胡萝卜条、土豆条和香菇条，加入精盐、味精、料酒、酱油、白糖翻炒至入味，出锅前用水淀粉勾芡，撒上葱花即成。

·营养贴士· 本道菜有补肾平肝、清热明目的功效。

·操作要领· 豆腐、胡萝卜条、土豆条和香菇条都是已经炸好的，所以不用翻炒太长时间。

鱼香豆腐

主料 豆腐1块

辅料 红椒1个，食盐、酱油、白糖、醋、
姜末、蒜末、葱花、食用油各适量

·操作步骤·

① 准备所需主材料；将红椒切碎。

② 将食盐、酱油、白糖、醋、姜末、蒜末
调制成香汁。

③ 将豆腐切成小块。锅内放入食用油，将

豆腐放入油锅里炸制片刻后，捞出控油。

④ 锅内留适量底油，放入红椒末爆香，把
炸好的豆腐放入锅内，再放入调制好的
香汁，炖煮片刻，撒上葱花即可。

·营养贴士· 本道菜有生津止渴、补充能
量的功效。

·操作要领· 豆腐切厚一点，不然炸制的
时候会碎，不易成形。